펴낸날 초판 1쇄 2014년 7월 1일 ❙ 초판 13쇄 2020년 12월 20일

지은이 TV조선 〈살림9단의 만물상〉 제작팀

펴낸이 임호준
편집 박햇님 김유진 고영아 이상미
디자인 정윤경 ❙ **마케팅** 정영주 길보민
경영지원 나은혜 박석호 ❙ **IT 운영팀** 표형원 이용직 김준홍 권지선

표지 일러스트 영수
인쇄 (주)웰컴피앤피

펴낸곳 비타북스 ❙ **발행처** (주)헬스조선 ❙ **출판등록** 제2-4324호 2006년 1월 12일
주소 서울특별시 중구 세종대로 21길 30 ❙ **전화** (02) 724-7664 ❙ **팩스** (02) 722-9339
포스트 post.naver.com/vita_books ❙ **블로그** blog.naver.com/vita_books ❙ **인스타그램** @vitabooks_official

ISBN 979-11-85020-31-0 13590

• 이 도서의 국립중앙도서관 출판예정도서목록(CIP)은 서지정보유통지원시스템 홈페이지(http://seoji.nl.go.kr)와
  국가자료공동목록시스템(http://www.nl.go.kr/kolisnet)에서 이용하실 수 있습니다. (CIP제어번호: CIP2014018547)

• 비타북스는 독자 여러분의 책에 대한 아이디어와 원고 투고를 기다리고 있습니다.
  책 출간을 원하시는 분은 이메일 vbook@chosun.com으로 간단한 개요와 취지, 연락처 등을 보내주세요.

비타북스는 건강한 몸과 아름다운 삶을 생각하는 (주)헬스조선의 출판 브랜드입니다.

'만' 가지 알찬 정보와 '물' 만난 살림꾼들의 '상' 상초월 비법!

살림9단의 만물상

TV조선 〈살림9단의 만물상〉 제작팀 지음

비타북스

우리 집
만능 생활 백과사전!

〈살림9단의 만물상〉은 지난해 4월 첫 방송을 시작으로 어느덧 일년이 조금 지났습니다. 만물상은 매회 한 가지 주제 아래 그와 관련된 정보를 지닌 고수들, 즉 살림9단들이 출연해 그들만의 노하우와 비법을 소개하는 정보 프로그램입니다.

'만가지 알찬 정보와 물 만난 살림꾼들의 상상초월 비법'이라는 수식어에 걸맞게 그간 200여 명의 살림9단들이 출연해 자신만의 노하우와 비법을 아낌없이 공개해주었죠. 건강, 음식, 운동, 살림 노하우 등 만물상에서 다루는 소재에는 한계가 없습니다. 잘 먹고, 잘 자고, 잘 살기 위한 비법이라면 무엇이든 만물상의 주제가 되었고 방송에 소개된 내용은 다음날 포털 사이트를 뜨겁게 달굴 정도로 시청자들에게서 많은 호응을 얻었습니다.

〈살림9단의 만물상〉의 가장 큰 매력은 '생활 밀착형'이라는 데 있습니다. 누구나 실생활에서 관심을 가질 법한 주제에 대해, 오랜 기간 직접 체험해 본 살림9단들이 알려줘 더욱 믿음이 가는 것이죠. 그 어떤 책이나 인터넷에서 얻은 정보보다 생생해서 공감이 가고 '나도 한번 따라 해볼까' 하는 생각을 갖게 만듭니다. 게다가 전문가 패널들이 과학적이고 논리적인 근거에 기반해 설명을 덧붙여주니까 더욱 믿을 수 있는 정보를 제공해줄 수 있었습니다.

〈살림9단의 만물상〉의 또 다른 매력은 연예인 패널들이 담당한 재미와 웃음이 아닐까요? 아무리 좋은 정보라도 딱딱하고 어려우면 전달하기가 쉽지 않은데 편안

한 분위기에서 재미있게 알려주니 주제에 대한 흥미도와 호응도가 쑥쑥 올라가고 시청자들이 좀 더 쉽게 공감할 수 있었던 것 같습니다. 이 부분에 대해서는 〈살림 9단의 만물상〉을 처음부터 함께 해 온 MC 김원희 씨와 네 명의 패널 김한석 씨, 안문숙 씨, 이광기 씨, 김민희 씨에게 감사의 말을 전해야겠네요.

책으로 나온 〈살림9단의 만물상〉에는 그간 시청자들의 많은 호응과 관심을 받은 내용을 모아 구성했습니다. 파트 1에는 가장 많은 사랑을 받은 효소, 발효, 쌀뜨물EM 발효액, 식초 등을 소개합니다. 파트 2에는 '약이 되는 음식'이라는 주제로 자연 영양제와도 같은 음식, 면역력 높이는 식재료, 항암 효과가 뛰어난 식재료, 당뇨에 좋은 음식 등 몸에 좋은 식재료와 활용법을 담았습니다. 그리고 파트 3에는 초보 주부도 살림 박사가 되는 세탁·청소의 완벽한 비법, 수납&재활용 비법 등 '똑소리 나는 살림 비법'들을 모아 소개했습니다.

이 책 역시 방송 못지않게 많은 사람들의 사랑을 받을 수 있기를 바랍니다. 이미 방송을 보신 시청자 여러분들은 물론, 방송을 보지 못한 모든 분들도 이 책을 '우리 집의 만능 생활 백과사전'으로 활용하시기를 바랍니다.

TV조선 〈살림9단의 만물상〉 제작팀

Contents

2 PART 약이 되는 음식, 식약동원

Chapter 03 무병장수를 위한 해독의 비법

Chapter 04 놀라운 자연 영양제

Chapter 05 땅이 주는 선물, 뿌리채소

PART 3 똑소리 나는 살림비법

Chapter 08 천연 마법 세제

Chapter 09 완벽한 세탁의 비법

Chapter 10 · 때 빼고 광 내는 청소의 비법

Chapter 11 수납 & 재활용 비법

PART 1

살림9단의 만물상
best of best

내 몸 살리는 건강 음식

건강의 신, 식초

보약 같은 효소, 세상을 바꾸는 발효

껍질의 놀라운 재발견

건강의 신, 식초

약이 되는 천연 발효식초

식초는 술을 보관하다 우연히 만들어진 것으로 인류 최초의 조미료라고 할 수 있다. 산성인 식초는 몸속에 들어가 산성 물질을 대사시키고 몸의 산성과 염기성의 균형을 맞춰주기 때문에 알칼리성처럼 작용한다. 나이가 들면서 몸속 효소가 부족해지는데 발효된 식초가 효소 역할을 하면서 유기산의 흡수를 도와준다. 식초는 크게 합성식초(빙초산)와 발효식초로 나뉘고 우리가 요리에 사용하는 발효식초는 천연 발효식초와 주정식초로 나뉜다.

천연 발효식초는 과일이나 곡류 자체를 발효시켜 알코올로 만들고 다시 알코올을 초산 발효시켜 만든다. 주정식초는 식초를 빨리 만들기 위해 알코올 발효를 생략하고 이미 만들어진 에탄올을 발효시켜 만드는 것이다. 천연 발효식초에는 각종 유기산과 함께 비타민, 미네랄, 아미노산 등이 풍부하지만, 주정식초에는 신맛을 내는 초산 외에 다양한 유기산이 없고 미네랄이나 비타민 함량이 매우 낮다. 따라서 식초의 진정한 효능을 경험하려면 과일이나 곡물 등의 천연 재료를 오랜 시간 숙성시키고 발효시켜 만든 천연 발효식초를 먹어야 한다. 《동의보감》과 《본초강목》에는 식초가 유옹(유방에 생기는 종양)을 치료하는 효과가 있다고 나와 있다. 단순한 식품 이상의 약이 될 수 있는 식초는 다양한 재료로 만들 수 있으며 재료에 따라 그 효능도 다르다.

다양한 천연 발효식초와 그 효능

다양한 천연 발효식초

평소에 식초를 마실 때는 연하게 희석해 많이 마시는 것이 좋다. 물에 5~10% 정도 희석한 식초를 2리터 물병에 담아 놓고 수시로 마신다.

- **생강식초** 생강이 열을 발산시켜 수족냉증에 좋다.
- **오자식초** 오미자, 구기자, 토사자, 사상자, 복분자를 넣고 만든 식초. 정력 증진에 효과적이다.
- **오미자식초** 코부터 폐까지 기관지에 좋은 오미자로 만든 식초. 가래 낄 때 마시면 좋다.
- **토복령식초** 청미래덩굴(망개나무)의 뿌리로 만든 식초. 몸속의 중금속과 독소를 배출시켜준다. 복부비만에도 좋다.
- **부처손식초** 일명 '바위손'이라 불리는 약초로 만든 식초로 항암 작용이 뛰어나다. 한의학에서는 부처손을 권백이라고 부르며, 천연 해독제로 쓰이고, 피부 질환에도 사용한다.

오자식초

토복령식초

부처손

커피식초

커피향이야~

에티오피아 커피의 시큼한 맛과 비슷해요. 에티오피아를 백 번 갔다 온 느낌이에요~

- **겨우살이식초** 항암 효과가 있고 콜레스테롤 제거에 좋다.

- **구기자식초** 숙취 해소에 효과적이다. 간 건강을 지키는 데 좋다.

- **쇠비름식초** 항균 작용이 뛰어나다. 무좀, 아토피 치료, 피부 미용에 좋다.

- **상황버섯식초** 각종 암 치료에 효과적이다. 지혈 작용을 하고 피부 미용에 좋다.

- **작두콩식초** 염증 치료에 효과적이다.

- **매실식초** 소화와 해독 작용, 피로 회복에 좋다.

- **칡식초** 식물성 에스트로겐이 풍부해 여성 갱년기에 효과적이다.

- **아카시아꽃식초** 천연 항생제로 이뇨 작용과 해독, 기관지염에 효과적이다.

- **인삼식초** 당뇨, 동맥경화, 고지혈증, 고혈압 치료에 도움을 준다. 중금속 해독과 항암 작용도 뛰어나다.

- **초란식초** 골다공증에 좋다(22쪽 참고).

- **흑마늘식초** 알리신이 풍부한 흑마늘로 만든 식초. 살균과 항균 작용이 뛰어나고 면역

력을 강화시킨다. 암과 성인병 예방, 피로 회복과 혈액순환에도 좋다.

- **멸치식초** 멸치를 살짝 볶아 불순물을 제거한 다음 볶은 멸치가 따뜻할 때 꿀을 넣어 발효시킨 식초. 멸치에 많이 함유된 칼슘의 흡수를 식초가 더욱 효과적으로 도와준다. 2개월간 발효시킨 멸치식초는 신맛이 강하지 않아 드레싱으로 활용하기에 좋다. 발효된 멸치는 잘게 다져 주먹밥, 김밥, 샌드위치에 넣어 활용할 수 있다(23쪽 참고).

- **커피식초** 커피콩을 발효시켜 만든다. 커피처럼 물에 타 먹으면 커피의 맛과 향을 즐기면서 천연 발효식초의 좋은 성분도 섭취할 수 있다. 커피식초에 꿀을 조금 넣고 따뜻하게 마신다.

- **해초식초** 해초의 성분은 몸에 잘 흡수되지 않는데 식초로 먹게 되면 흡수율이 높아져 고혈압을 낮추는 데 효과적이다. 해초에는 후코이단(끈적끈적한 점액질 구조의 황산염화한 다당류로 미역, 다시마 등 갈조류에 들어 있다)이라는 성분이 있어 발효가 굉장히 더디게 진행된다. 따라서 발효를 돕는 맥아즙이나 벌꿀 등을 넣어 당도를 20~30%로 맞춰주면 발효가 잘 이뤄진다. 파래로 식초를 만들어 먹으면 니코틴 해독에 효과적이다. 파래에 풍부하게 함유된 비타민 A가 니코틴의 독성을 제거하기 때문이다.

다이어트에 효과적인 초콩 맛있게 먹는 법

검은콩에 식초를 넣어 발효시킨 초콩은 식초 냄새와 콩 비린내 때문에 먹기 힘들어하는 사람들이 많다. 다이어트에 좋은 초콩을 맛있게 먹는 방법을 소개한다.

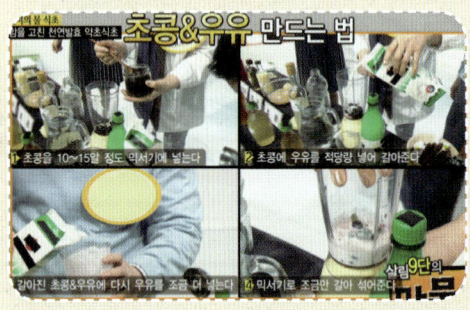

1. 초콩을 10~15알 정도 믹서에 넣는다.
2. 초콩에 우유를 적당량 넣어 갈아준다.
3. 2에 다시 우유를 조금 더 넣는다.
4. 믹서로 살짝 갈아 섞어준다.

🍶 집에서 쉽게 만들 수 있는 **막걸리식초**

> 대표적인 슬로우 푸드인 식초는 몸도 건강하게 해 주고 마음도 타분하게 만들어줄 건 같아요.

1. 깨끗하게 소독한 유리병에 생막걸리를 70% 정도만 붓는다. 막걸리는 유통기간이 짧은(10일 정도) 생막걸리를 사용해야 한다.

2. 병 입구를 천으로 덮어 공기가 통하면서 벌레가 들어가지 않도록 한다.

3. 유리병을 바람이 잘 통하는 그늘에 놓는다. 식초는 호기성이기 때문에 바람이 통하고 햇볕이 들지 않은 곳에 보관해야 한다. 식초의 적절한 발효 온도는 25~30℃.

4. 3일이 지나 초막이 생기면 초막이 흐트러지게 매일 흔들어 준다. 초막이 흐트러지면서 공기 중의 초산균이 들어가 알코올을 먹고 아세트산(식초)을 배출한다. 이렇게 90일이 지나면 식초 완성.

   Point 90일 동안 매일 초막을 흔들어줘야 한다. 국자나 숟가락으로 저으면 잡균이 들어가므로 꼭 흔들어줘야 한다. .

이 방법은 발효 기간이 길어서 잡균이 들어갈 확률이 높아 성공률이 5~10%에 그친다. 90% 이상 성공하기 위해서는 생막걸리와 모균을 7:3의 비율로 넣어 준다. 40일만 두면 천연 발효식초를 만들 수 있다. 위에 뜨는 맑은 식초를 따라 사용하고 다시 생막걸리를 부어 발효시키면 무한대로 식초를 만들 수 있다.

모균이란 식초를 발효시킬 때 멸균 처리를 하지 않은 상태의 종자균을 말한다. 시중에서 구하기 힘들지만 시장에서 할머니들이 직접 만들어 파는 감식초는 살균 처리가 되지 않은 것이니 모균으로 사용할 수 있다.

🍶 골다공증에 좋은 **초란식초**

1. 유정란을 유리병에 넣은 다음 천연 발효식초를 유정란이 잠길 정도로 부어 숙성시 킨다. 10일 정도 숙성시키면 달걀 껍데기의 주성분인 칼슘이 식초에 녹고 삼투압 작용으로 식초를 흡수한 달걀이 부풀어 오르는데 이것이 바로 초란이다.

2. 초란을 칼슘이 다 녹은 식초에 으깨 저은 후 망에 거르면 초란식초가 된다.

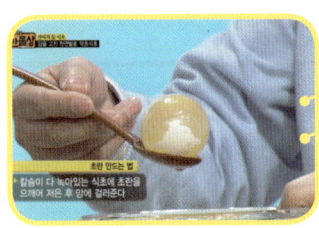 

초란식초를 맛있게 먹으려면 초란식초 30ml 정도에 물 3컵을 섞어 희석한 다음 쓴맛 을 줄이기 위해 꿀이나 매실 발효액을 섞어 마신다.

🍶 초간단 **식초 요리**

식초비빔밥

밥에 여러 가지 채소와 흑마늘식초, 멸치식초(발 효된 멸치도 함께)를 넣고 비벼 먹는다.

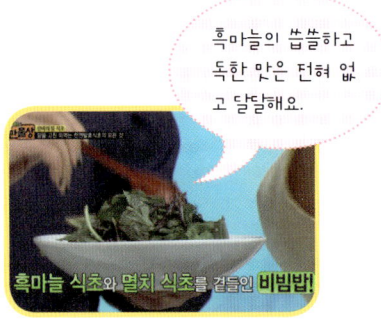

흑마늘의 쓴쓸하고 독한 맛은 전혀 없 고 달달해요.

식초덮밥 & 식초파스타

1. 산나물을 먹기 좋게 자르고 '떠먹는 식초'를 넣어 무친다.

2. 무친 산나물을 밥이나 파스타에 얹어 먹는다.

멸치식초김밥

김 위에 밥과 여러 재료를 얹은 다음 멸치식초의 멸치를 건져 올려 얹은 후 돌돌 말아 자르면 김밥 완성.

멸치식초주먹밥

멸치식초의 멸치를 다져서 깨소금과 함께 밥에 넣고 섞어 먹기 좋은 크기로 뭉치면 주먹밥 완성.

떠먹는 식초

떠먹는 식초는 식초를 만들 때 생기는 침전물인 모루를 활용해 만든다. 모루에 영양분이 가장 많은데도 우리나라에서는 모루 위에 뜨는 액체 식초만 사용하는 경우가 많다. 보통 총 산도가 4% 이상이어야 식초라고 정의하는데 떠먹는 식초는 산도가 2~3% 정도이다. 발효된 과육을 전부 먹기 위해 일부러 산도를 높이지 않고 만든 것이다. 떠먹는 식초는 식초에 거부감을 느끼는 사람들, 특히 아이들이 먹기에 좋다. 빵에 발라 먹거나 과일에 찍어서 간단히 먹을 수 있다. 떠먹는 식초는 흑마늘, 바나나, 블루베리 등으로 만들 수 있다.

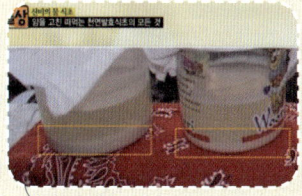

▶ 모루란 식초를 만들 때 생기는 침전물

▶ 귀한 모루로 만든 떠먹는 식초

멸치식초샌드위치

삶은 달걀을 으깨고 멸치식초의 멸치를 다져 섞
은 다음 빵에 발라 먹으면 된다.

음식물 쓰레기의 재탄생

우리가 보통 음식물 쓰레기로 버리는 과일과 채소의 껍질, 씨, 뿌리에는 항산
화물질을 포함해 많은 영양분이 함유되어 있다. 예를 들면, 씨의 핵산은 모든
생체 세포 속에 들어 있는 본질적인 성분으로 신진대사를 촉진하고 간 기능
을 향상시킨다. 또한 파의 하얀 뿌리 부분(총백)은 감기, 소화
불량, 피부 발진에 효과적이고 양파껍질의 루틴은 모세
혈관을 강화시켜서 출혈성 질병
예방에 효과적이다. 감잎에는 타
닌과 비타민 C가 많이 들어 있어
동맥경화와 피로 회복에 효과적
이다. 이렇게 영양분이 많은 음식
물 쓰레기를 그냥 버리지 말고 식
초로 만들어 보자.

오렌지껍질식초

음식물 쓰레기로 만드는 식초

1. 플라스틱 용기에 막걸리 1ℓ를 부어 놓는다.

2. 막걸리를 담은 용기에 음식물 쓰레기가 생기는
   즉시 깨끗이 씻어 넣는다.

3. 용기에 음식물이 3/4 정도 차면 조청 400g을 넣는다. 조청
   은 곡류의 전분을 맥아로 당화시킨 것으로 맥아는 미생물
   을 증식시켜준다.

4. 조청을 넣고 열흘 동안 매일 흔들어 초막을 흐트러지게 한
   다. 열흘이 지나면 부글부글 끓기 시작하면서 발효가 되기 시
   작한다. 40일 후면 식초가 완성된다.

쓰레기 식초를 막걸
리에 타서 먹으면 덜
취하게 되고 다이어
트에도 효과적이에요.

쓰레기 식초를 와인에 비교
하다면 밸런스가 아주 좋은
와인 같네요. 생각보다 맛이
정말 좋아요.

보약 같은 **효소**, 세상을 바꾸는 **발효**

효소는 생명체가 생성해서 화학반응을 촉매하는 단백질로 생명체의 탄생과 생존, 사망에 이르는 모든 과정에 관여한다. 음식물의 소화를 돕고 배출은 물론 항염, 항균 작용과 해독, 살균까지 해서 우리 몸에 반드시 필요하다. 그런데 우리 몸속에 효소의 양은 한정되어 있어 나이가 들면서 점점 부족해지기 때문에 반드시 보충해 주어야 한다. 효소는 다양한 재료로 만들 수 있고 재료에 따라 맛과 효능이 제각기 다르다.

발효는 효모나 세균 같은 미생물이 지니고 있는 효소를 이용해 유기물이 분해되어 알코올류, 유기산류, 탄산가스 등을 발생시키는 작용이다. 발효는 알코올 → 효소 → 식초의 과정을 거치는데 원재료를 발효함으로써 원재료에 들어 있는 유기산 같은 천연 물질이 몸에 잘 흡수되도록 만드는 것이다.

🍶 집에서 누구나 만들 수 있는 **고추효소**

1. 고추와 황설탕을 2kg씩 동량으로 준비한다.

2. 고추 꼭지를 따고 깨끗이 씻어 물기를 뺀 다음 약 2cm 길이로 썬다.

> **Point** 익은 고추나 익지 않은 고추 모두 가능하다. 그러나 흠집이 있거나 가볍고 벌레 먹은 것은 반드시 골라낸다.

3. 8ℓ 유리병 바닥에 황설탕을 1cm 정도 깔아준다.

4. 넓은 그릇에 썰어둔 고추와 황설탕을 넣고 살살 버무린다. 이때 설탕은 준비한 양의 60%만 사용한다. 고추에 설탕이 잘 입혀질 정도만 살살 버무린다.

5. 설탕에 버무린 고추를 유리병에 넣고 고추 위에 황설탕을 1cm 정도 덮어준다.

6. 뚜껑을 덮고 숙성시키다가 황설탕이 백설탕으로 바뀌면서 윗부분의 설탕이 군데군데 30% 정도 남았을 때 또 설탕을 덮어준다. 이렇게 나머지 설탕 40%를 2~3번에 나눠 효소의 먹이로 주는 게 포인트. 발효 기간은 2~3개월.

> **Point** 설탕을 제때 넣어주지 않으면 알코올 상태로 변하기 때문에 주의 깊게 살펴봐야 한다.

매콤한 게 정말 맛있어요.

🍶 조청을 이용해 만드는 초간편 **양파효소**

1. 양파 5개를 사등분으로 썬다.

2. 자른 양파를 설탕과 함께 버무린다.

3. 설탕에 버무린 양파를 적당한 크기의 병에 담는다.

4. 양파를 담은 병에 설탕을 넣어 준다.

5. 빠른 숙성을 위해 조청을 붓고 뚜껑을 덮는다. 양파, 설탕, 조청의 비율은 1:0.7:0.3으로 넣는다.

   Point 조청의 맥아가 발효를 촉진시킨다.

6. 양파가 쪼글쪼글해지면 발효가 끝난 것이니 요리에 활용한다.

불고기 댈 때 퇴고예요.

양파 외에도 살구, 양배추 등도 같은 방법으로 효소를 만들 수 있다.

양배추효소는 김치를 숙성시킨 맛같아요.

🍶 여자에게 좋은 **보약효소**

보혈(補血)과 보기(補氣)를 다스릴 수 있는 천궁과 당귀를 발효시킨 효소. 당귀와 천궁의 조합은 보통 음의 기운인 여성의 혈을 보하는 효과를 준다. 말린 약재인 당귀와 천궁을 발효시킬 때에는 포도를 함께 사용하는데 포도가 약재의 성분을 더욱 많이 뽑아낼 수 있도록 도와주기 때문이다. 포도껍질에 붙어 있는 하얀 가루, 즉 효모를 이용해 발효를 촉진시키기 때문에 포도는 씻지 않고 사용한다.

1. 당귀 200g, 천궁 80g, 포도 4kg, 황설탕 3kg을 준비한다.

2. 8ℓ 병에 황설탕을 1cm 정도 깔아 준다.

3. 넓은 그릇에 당귀, 천궁, 포도, 황설탕을 담는다. 황설탕은 준비한 양의 60%만 사용한다. 재료에 설탕이 잘 입혀질 정도로 살살 버무린다. 포도는 몇 알만 터뜨려 촉진제로 사용한다. 설탕이 뭉치지 않게 골고루 버무린다.

4. 잘 버무린 재료를 병에 담고 다시 설탕을 1cm 정도 덮는다.

5. 뚜껑을 덮고 숙성시키면 발효액이 나오면서 황설탕이 백설탕으로 바뀐다. 윗부분의 설탕이 군데군데 30% 정도 남았을 때 또 설탕을 덮어 준다. 이렇게 나머지 설탕 40%를 2~3번에 나눠 효소의 먹이로 주는 게 포인트. 발효 기간은 7개월.

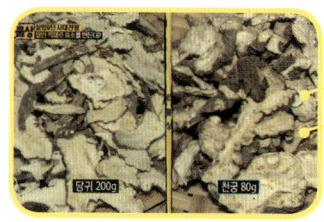  

발효액이 나오면서 황설탕이
백설탕으로 바뀐다.

기존의 설탕물 같
은 효소와는 전혀
다른 맛이에요.

효소 만들 때 주의할 점

- 보통 재료와 설탕을 1:1의 비율로 한 번에 넣는데(재료와 설탕을 한 층씩 켜켜이 넣는데) 이렇게 하면 열이 확 발생해 좋은 미생물이 죽고 발효가 제대로 일어나지 못한다. 우선 설탕을 60%만 사용해 재료와 버무려 삼투압 현상이 일어나도록 한 다음 나머지 40%는 숙성 상태를 봐가면서 2~3번에 나눠 넣어야 한다.

- 설탕은 재료에 따라 다르게 사용하는데 색과 맛, 향을 살리려면 백설탕을, 그 외에 일반적으로는 황설탕을 사용한다.

- 항아리보다는 속이 들여다 보이는 유리병을 사용한다. 내부 상태를 보고 설탕을 첨가하는 주기를 조절해야 하기 때문이다.

- 효소는 직사광선을 피하고 바람이 잘 통하고 온도가 낮은 곳에 보관한다.

- 효소의 발효 기간은 재료에 따라 다르다. 발효가 끝난 다음에 발효액과 재료를 분리시킨 다음 다시 숙성시켜야 한다.

- 효소를 만들 때 중간에 저으면 안 되는데 그 이유는 공기 속의 초산균이 들어가 초산 발효가 되기 때문이다. 발효의 과정은 알코올→효소→식초로 효소를 만들려면 술과 식초의 중간 상태에서 멈춰야 하는데 초산발효가 되면 식초가 되기 때문이다.

🍶 남자에게 좋은 **마늘효소**

마늘의 알리신 성분은 혈액순환을 좋게 하고 교감신경을 항진시켜 남성 호르몬 분비를 증가시킨다. 알리신은 정자의 주요 성분으로 정자를 만드는 데 꼭 필요한 성분이다. 칼이 닿거나 썰게 되면 색이 바뀔 수 있으므로 통마늘로 만드는 것이 좋다.

1. 마늘과 황설탕을 3kg씩 동량으로 준비한다. 햇마늘보다는 2~3개월간 저장시킨 마늘을 이용한다.

2. 마늘의 꼭지 부분과 겉껍질을 제거한다. 뿌리는 깨끗하면 잘라내지 않고 그냥 사용한다.

3. 8ℓ 병에 황설탕을 2cm 정도 깔아 준다.

4. 병의 70% 정도가 차도록 통마늘을 넣는다. 준비한 설탕의 60%를 마늘 위에 붓는다.

   Point 마늘 자체의 살균 작용으로 곰팡이가 잘 피지 않으므로 설탕을 위에 가득 덮을 필요가 없다.

5. 마늘 액이 어느 정도 나오면 쭈글쭈글해지면서 마늘이 뜨기 시작한다. 그 위에 나머지 설탕 40%를 2~3번에 나눠 넣는다. 3~4개월 발효시킨 다음 숙성시킨다. 발효하고 남은 마늘 알갱이는 꼬들꼬들하게 말려서 먹으면 좋다.

마늘효소가 몸 안에 확 퍼지는 느낌이 나네요.

마늘장아찌의 단맛에 흑마늘의 고소한 맛도 나네요.

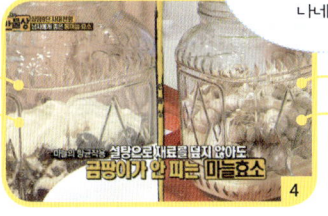

🍶 피로 회복에 좋은 **쌍화탕효소**

약재의 강한 맛이 아닌 부드러운 맛을 느낄 수 있어요.

쌍화탕은 감기약으로 잘못 알려져 있지만 원래 기와 혈을 조화롭게 하기 위해 만든 것이다. 쌍화탕은 숙지황, 천궁, 백작약, 당귀 등 기본이 되는 약재에 황기, 감초, 대추, 말린 생강, 계피를 더해 만든다. 숙지황, 천궁, 백작약, 당귀는 보혈(補血)을, 황기와 계피가 보기(補氣)를 도와준다.

1. 숙지황, 천궁, 백작약, 당귀, 황기, 감초, 대추, 말린 생강, 계피는 20g씩, 포도는 4kg, 황설탕은 3kg을 준비한다.

2. 8ℓ 병에 황설탕을 1cm 정도 깔아 준다.

3. 넓은 그릇에 약재와 포도, 황설탕을 담는다. 황설탕은 준비한 양의 60%만 사용한다. 재료에 설탕이 잘 입혀질 정도로만 살살 버무린다. 포도는 몇 알만 터뜨려 촉진제로 사용한다. 설탕이 뭉치지 않게 골고루 버무린다.

4. 잘 버무린 재료를 병에 담고 다시 설탕을 1cm 정도 덮는다.

5. 뚜껑을 닫고 숙성시키면 발효액이 나오면서 황설탕이 백설탕으로 바뀐다. 윗부분의 설탕이 군데군데 30% 정도 남았을 때 또 설탕을 덮어 준다. 이렇게 나머지 설탕 40%를 2~3번에 나눠 효소의 먹이로 주는 게 포인트.
발효 기간은 7개월.

쌍화탕효소를 마시고 나니 밑에서부터 뜨거운 기운이 확 올라오네요.

암 예방에 효과적인 현미김치

현미김치는 미강을 유산균으로 발효시켜 만드는 것이다. 미강은 쌀눈과 쌀겨를 말하는데 쌀의 영양분 95%가 미강에 함유되어 있다. 미강에 함유된 좋은 유기물들이 발효 과정을 거치면서 미생물에 의해 분해되어 나오게 된다. 현미김치는 피를 맑게 하고 면역력을 높여줄 뿐만 아니라 유방암이나 대장암 등 암을 예방해준다. 육식 등으로 인해 우리 몸속에 유해균이 많아지면 혈중의 에스트로겐이 높아지는데 유산균이 이를 억제해서 에스트로겐을 떨어뜨려 암을 예방하는 효과가 있다. 또 피틱산이라는 성분은 좋은 영양소나 미네랄을 같이 흡착해서 몸속에 들어가고, 나올 때에는 영양소와 미네랄을 놓고 중금속이나 유해 물질을 흡착해서 배출시키기 때문에 피를 맑게 해주는 작용을 한다.

모양은 일반 김치와 전혀 다르지만 갓김치나 파김치와 비슷한 맛이 나네요.

유산균 식품이어서 신맛이 나는 현미김치

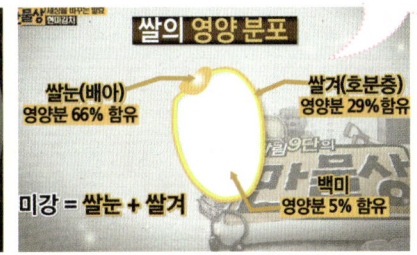

Tip

- 유기농 미강 판매처는 인터넷에서 검색하면 알 수 있다.
- 가루 형태의 현미김치는 음료수에 타서 마시거나 찌개, 나물, 샐러드소스 등에 넣어 먹을 수 있다.

🍶 현미김치 만들기

1. 유기농으로 재배한 쌀의 미강 1kg을 구입한다.

2. 거친 미강을 부드럽게 만들기 위해 곱게 갈아 준다.

3. 곱게 간 가루를 찜통에 넓게 펴서 찐다. 이 과정을 통해 세균을 없앨 수 있다.

4. 찐 가루를 식힌 다음 우유 700ml, 발효유 1병(150ml)을 넣는다.

5. 수제비 반죽하듯 가루를 반죽한 다음 발효기에 넣고 발효한다. 72시간 발효하고 15시간 건조시키면 완성. 단, 기상 상태에 따라 건조 시간을 조절해야 한다.

　　Point 발효기가 없으면 전기장판을 이용한다.

천연 비아그라 수박껍질효소

수박은 강력한 항암 물질인 리코펜 성분을 토마토보다 많이 함유하고 있다.
또 시트룰린 성분은 이뇨 작용을 촉진시켜 몸속 노폐물을 잘 배출시켜 준다.

시트룰린은 몸속에서 알긴으로 변하면서 혈관을 이완시키는데 이는 발기부전 치료제인 비아그라와 비슷한 효과를 낸다고 한다. 시트룰린은 수박 속보다 껍질에 60% 정도 몰려 있는데 비아그라와 같은 효과를 얻으려면 일주일에 15개 정도의 수박을 먹어야 한다. 따라서 수박껍질로 효소를 만들어 먹으면 좀 더 쉽게 그 효과를 얻을 수 있다.

수박껍질효소로 칵테일을 만들어 마시면 취하지 않고 좋아요.

탄산 맛이 일품인 화이트 와인과 흡사한 맛이네요.

🍶 수박껍질효소 만들기

1. 깨끗이 소독한 유리병에 수박껍질(수박 1통 분량)을 넣는다.
2. 맥아가루(엿기름) 500g을 곱게 빻아 체에 거른다.

   Point 맥아가 효소를 빨리 만들어 주는 역할을 한다.

3. 물과 함께 맥아가루를 넣고 끓인다.

4. 유리병에 맥아 끓인 물을 붓는다.

5. 황설탕 500g을 넣은 다음 하루에 한 번씩 흔들어 준다.

발효된 수박껍질을 꺼내 믹서에 갈면 모균이 완성된다. 모균을 넣으면 효소 발효 시간을 단축시킬 수 있다.

수박씨도 그냥 버리지 말 것! 수박씨를 깨끗이 씻어 기름 없이 볶은 다음 곱게 갈아 먹으면 대장암 예방에 탁월한 효과를 얻을 수 있다.

껍질의 놀라운 재발견

껍질은 딱딱하지 않은 물체의 겉을 싸고 있는 질긴 물질의 켜를 말하고, 껍데기는 달걀이나 조개 따위의 겉을 싸고 있는 단단한 물질을 말한다. 보통 알맹이만 먹고 껍질과 껍데기는 버리기 마련인데 껍질이나 껍데기에도 알맹이 못지 않은 풍부한 영양소가 함유되어 있다. 껍질과 껍데기를 백분 활용하면 맛은 물론 영양도 챙기고 음식물 쓰레기도 줄일 수 있다.

과일껍질로 요리하기

그동안 음식물 쓰레기통으로 직행하던 과일껍질에는 과육 못지 않게 풍부한 영양소가 함유되어 있다. 껍질을 이용한 다양한 요리법을 소개한다.

🍴 새콤달콤 밥을 부르는 **참외껍질 장아찌**

참외껍질에는 혈당을 조절해주는 성분이 많이 들어 있다. 매콤한 고추를 넣으면 성질이 찬 참외와 조화를 이뤄 몸이 찬 사람도 먹을 수 있다. 수박껍질을 함께 넣으면 더 맛있다.

1. 참외껍질을 깨끗이 씻어 무채 썰듯이 잘게 썬다.

2. 간장, 설탕, 식초, 물을 1:1:0.5:3의 비율로 넣고 끓인다.

3. 끓인 소스를 식힌다.

4. 용기에 썰어 놓은 참외껍질과 청고추, 홍고추를 넣고 소스를 붓는다. 실온에 하루만 뒀다가 냉장고에 넣고 먹는다.

입맛 없을 때 누룽지에 곁들여 먹으면 좋겠네요.

🍴 몸에 좋고 맛도 좋은 **사과껍질 튀김**

1. 사과껍질을 전자레인지에 2분 정도 돌려서 수
   분을 날린다. 수분을 날리고 튀겨야 기름이 튈
   위험이 없다.

2. 튀김옷을 입혀 기름에 튀기면 완성.

   Point 밀가루 대신 생콩가루+연자육가루 또는 율무가루를 묻혀 튀기면 약선요리로 재탄생된다.

🍴 쫄깃쫄깃 달콤 시원한 **수박껍질잼**

수박껍질에 함유된 시트룰린은 남성의 전립선 건강에 특히 좋다.

1. 수박껍질(붉은 과육이 약간 붙은 흰색 부분)을 얇게 자른다.

2. 수박껍질 조각 5컵과 설탕 1+1/2컵을 냄비에 넣고 잘 버무려 섞은 다음 처음엔 센
   불, 물기가 줄면 약한 불로 끓인다.

3. 물기가 거의 없어지면 레몬즙 5큰술을 넣고 좀 더 졸여 물기가 어느 정도 남았을
   때 불을 끄고 식힌다. 입자가 좀 더 고운 잼을 만들려면 믹서에 갈면 된다.

   Point 레몬의 펙틴 성분이 수분 많은 수박껍질을 잼으로 굳히고 보관 기간을 늘려 준다. 잼이 식으
   면 굳으므로 물기가 조금 남았을 때 불을 꺼야 농도가 알맞다.

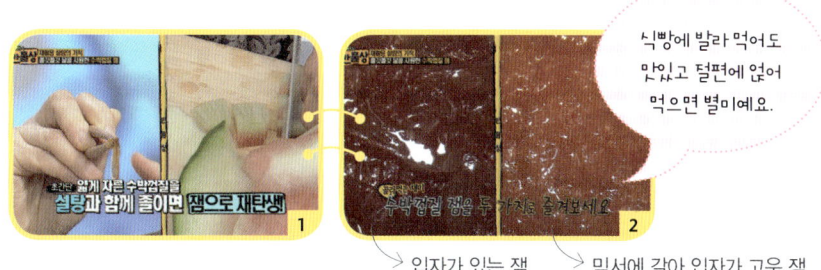

식빵에 발라 먹어도
맛있고 떡편에 얹어
먹으면 별미예요.

→ 입자가 있는 잼   → 믹서에 갈아 입자가 고운 잼

🍴 차게 먹어도 맛있는 **수박껍질 고추장찌개**

수박껍질 고추장찌개는 여름에는 차게 식혀서 먹어도 맛있다.

1. 멸치육수에 고추장을 풀어 끓인다.

2. 육수가 끓기 시작하면 먹기 좋은 크기로 썬 수박껍질과 양파를 넣고 끓인다.

3. 끓어오르면 풋고추와 대파를 넣고 소금으로 간을 맞춘다.

수박껍질의 맛은 애
호박과 무의 중간
정도의 맛 같아요.

🍴 씹히는 맛이 일품인 **수박껍질 말랭이무침**

수박껍질 말랭이는 잘 말려서 냉동실에 넣어두면 사계절 내내 먹을 수 있다.

1. 수박껍질을 잘게 썰어 잘 말려서 수박껍질 말랭이를 만든다.

2. 수박껍질 말랭이를 물에 씻어 불렸다가 꼭 짜서 볼에 넣는다.

3. 간장, 고춧가루, 올리고당으로 양념해 버무린다.

오독오독한 식감이
무말랭이의 4배!

🍳 수박껍질 요리를 하기 위한 **수박 손질법**

1. 반으로 자른 수박을 끝부분부터 돌려 깎는다.

2. 수박을 엎어 놓고 나머지 껍질을 도려낸다.

명태껍질로 요리하기

명태껍질에는 피부 미용에 좋은 콜라겐 성분과 알코올을 분해하는 메티오닌, 타우린 성분이 많이 함유되어 있다. 명태껍질로 만든 요리는 반찬, 간식은 물론 술안주로도 즐길 수 있다.

🍳 반찬은 물론 술안주로도 좋은 **명태껍질 튀김**

1. 손질한 명태껍질을 기름을 살짝 두른 프라이팬에 넣고 볶는다.

2. 명태껍질이 오그라들면 소금을 살짝 뿌린다.

> **Point** 설탕을 약간 뿌려도 맛있다.

> 명태껍질만 모아서 무침도 해 먹고 샤브샤브도 해 먹어요. 껍질에 영양가가 많아요.

뒤포가 울고
가겠다~

🍳 입맛 돋우는 **명태껍질 양념무침**

1. 명태껍질 튀김을 프라이팬에 넣고 간장, 고춧가루, 청양고추, 올리고당을 약간 넣고 조린다.

2. 깨소금으로 마무리하면 완성.

입맛이 팍
팍 도네~

김밥 속에 넣으면 아이들이 달 먹어요.

명태껍질 튀김 간장 고춧 가루

임마 도우는 명태껍질 양념 무치

🥤 눈에 좋은 **석결명차**

전복껍데기(석결명)는 '천리광', 즉 천 리까지 볼 수 있다는 별명을 갖고 있다.《동의보감》에는 간과 폐에 열이 있어 위쪽으로 열이 치받쳐 오를 때 전복껍데기를 구워서 보드랍게 가루를 내어 먹으면 기운이 내려가면서 눈이 맑아지고 눈병을 치료할 수 있다고 되어 있다. 또한 전복껍데

TIP 전복껍데기를 차로 만들 때는 깨끗이 씻어
불에 살짝 구운 후 가루로 만들어 사용

→ 전복껍데기가루

기는 인산(우리 몸의 칼슘을 분해해서 뼈 건강에 좋지 않은 성분)을 배출시켜 아이들 성장

촉진에도 좋다.

1. 전복껍데기를 깨끗이 씻어 불에 살짝 구워
   가루로 만든다.
2. 전복껍데기가루를 결명자와 함께 물에 우려
   내어 마신다.

   Point 전복껍데기를 구워서 탕을 끓일 때 넣으면 약
   탕의 효과를 얻을 수 있다.

 키토산의 보고 **게껍데기 & 양파껍질차**

게껍데기에 양파껍질을 더함으로써 단백질과 키토산의 흡수를 높이고 콜레스테롤은
낮추는 효과를 얻을 수 있다.

1. 게껍데기를 불에 살짝 구워 가루로 만든다.
2. 양파껍질과 게껍데기가루를 1:1로 넣고 물에
   우려 마신다.

   Point 상처가 났을 때 게껍데기와 새우껍데기를 빻
   은 가루를 붙이면 칼슘과 단백질이 공급되어 상처가 잘
   아문다.

그 밖의 껍질의 무한 변신

껍질에는 영양소가 풍부해 각종 요리나 차로 활용될 뿐 아니라 미용제품으로
도 변신이 가능하다. 화학성분이 없는 천연 미용제품이라서 피부에 더 좋다.

또 천연 냉장고 탈취제까지 만들 수 있다.

우엉껍질로 만드는 **클렌징오일**

1. 우엉껍질을 설탕에 버무려 병에 담아 효소를 만든다.

2. 우엉껍질 효소 1큰술에 포도씨오일 몇 방울을 더하면 클렌징오일 완성. 각질을 제 거하는 효과도 있다.

새우껍데기로 육수 & 분말 만들기

새우 등의 갑각류에 함유된 키틴질은 장 청소를 해주고 중금속 을 흡착하는 작용을 한다. 새우껍데기나 머리에 있는 아스타잔 틴은 새우나 게 등의 갑각류에 함유된 적색 색소로, 비타민 E보 다 500배 높은 항산화 능력을 가지고 있다.

• 새우껍데기만 육수를 우리면 된장찌개 같은 국물 요리에 활 용할 수 있다.

• 새우 분말은 새우껍데기를 말려서 프라이팬에 살짝 구운 다 음 블렌더에 갈면 완성. 단단한 게껍데기 역시 소화가 잘되도 록 곱게 갈아서 천연 조미료로 활용할 수 있다.

촉촉하고 부드럽게 **배껍질 스크럽**

1. 배껍질을 믹서에 간다.

2. 곱게 간 배껍질에 흑설탕 4큰술과 올리브오
   일 2방울을 섞는다.

   Point 올리브오일이 흑설탕의 입자를 부드럽게 만들
   어준다.

과일껍질로 만드는 **냉장고 탈취제**

1. 오렌지, 참외, 레몬껍질을 전자레인지에 3분 정도 돌려 수분을 날린다.

   Point 수분이 있으면 부패하기 쉽기 때문에 꼭 수분을 날린다.

2. 양파 망이나 스타킹에 껍질을 담아 냉장고 구석에 넣어두면 일주일 정도 탈취 효
   과가 있다.

친환경 살림

친환경 살림법, EM쌀뜨물 발효액

살림의 신, 식초

친환경 살림법, EM쌀뜨물 발효액

유용한 미생물 EM

EM(Effective Micro-organisms)은 사람에게 이롭고 유용한 미생물군을 말한다. 유산균, 효모, 광합성균, 방선균 등 80여 종이 이에 속하는데 이런 균들이 공생하면서 유효한 효과를 만들어 낸다. 예를 들면, 광합성균이 아미노산을 만들어내면 방선균이 이 아미노산을 이용해 항생물질을 만든다.

EM은 악취를 제거하고 해로운 균을 없애주며 수질을 정화해 준다. 또 금속

↘ 착한 미생물의 예 : 김치나 요구르트의 유산균, 빵이나 막걸리의 효모

과 식품의 산화를 방지하고 남은 음식물을 발효시키는 등 다양한 효능을 지니고 있다. EM 원액을 쌀뜨물에 넣고 발효시켜 만드는 EM쌀뜨물 발효액은 미용, 청소, 식물 재배 등 생활 속에서 정말 다양하게 활용된다. 버려지는 쌀뜨물을 이용해 생활 폐수를 줄이고 EM으로 발효시켜 널리 이롭게 쓰는 일거양득의 방법이다. 유용한 미생물 EM은 생활협동조합, 여성회관, 지역복지관, 인터넷 등에서 구입할 수 있다.

쓰임새 많은 EM쌀뜨물 발효액 만들기

1. 쌀뜨물을 모아 페트병에 담는다. 이때 가득 채우지 말고 5cm 정도 비워 두는데 미생물이 숨 쉴 수 있는 공간을 주기 위해서다.

2. 모아 놓은 쌀뜨물에 EM 원액을 넣는다. 쌀뜨물 2ℓ 당 EM 원액은 소주잔으로 1컵(약 40ml).

   Point 겨울철에는 너무 차가운 쌀뜨물로 만들지 않는다. 미생물은 따뜻한 물을 좋아하기 때문이다.

3. 백설탕 1컵과 천일염 1/2작은술을 넣는다.

4. 설탕과 소금이 잘 녹도록 흔든 다음 따뜻한 곳(10~40℃)에서 일주일간 발효시킨다. 2~3일이 지나면 가스가 발생하면서 병이 팽창하기 시작하니 유리병보다는 플라스틱병을 사용한다.

5. 2~3일에 한 번씩 뚜껑을 열어 가스를 빼주고 다시 뚜껑을 꼭 닫아 놓는다.

EM 원액

미강으로 만드는 EM쌀뜨물 발효액

식구 수가 적은 경우 쌀뜨물을 모으기 쉽지 않다. 이럴 때는 미강을 이용해서 EM쌀뜨물 발효액을 만들어 보자. 현미를 백미로 도정하는 과정에서 분리되는 고운 속겨를 미강이라고 하는데, 대형마트 쌀 도정 코너에 가면 공짜로 얻을 수 있다.

1. 스타킹에 미강 1컵을 넣고 물에 넣어 주무른다. 미강 1컵이면 2ℓ짜리 페트병 5~7개 분량의 쌀뜨물을 만들 수 있다.

2. 2ℓ짜리 페트병에 우러난 쌀뜨물을 페트병에 70% 가량 담고 물을 붓는다. 이때 페트병을 가득 채우지 말고 5cm 정도 비워 둔다.

3. 설탕과 EM 원액을 소주잔으로 1컵, 천일염을 소량(1/2~1작은술 정도) 넣는다.

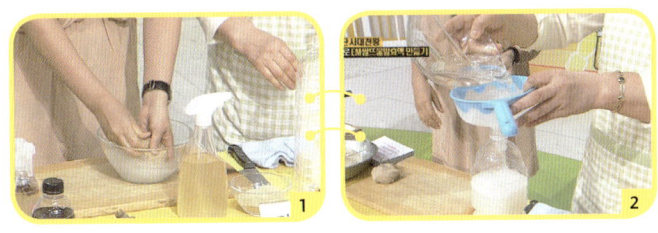

Tip

일주일간 발효시켜 만든 EM쌀뜨물 발효액은 쓸 만큼만 작은 병에 담아 사용해야 한다. 30번 이상 뚜껑을 열면 효과가 없어지기 때문이다.

🍶 EM쌀뜨물 발효액으로 청소 & 소독하기

- **변기 수조물 아끼고 청소하기** 변기 수조에 맞는 크기의 페트병 2개에 EM쌀뜨물 발효액을 넣는다. 2개의 병을 고무줄로 묶은 다음 물을 내릴 때마다 발효액이 나오도록 병의 아래부터 1/3 지점에 구멍을 뚫어 수조에 넣는다. 이때

병을 수조에 넣고 물을 내려 밸브의 작동 여부를 반드시 확인해야 한다. 이렇게 하면 물을 내릴 때마다 EM쌀뜨물 발효액으로 변기가 코팅되어 악취 제거는 물론 자동으로 청소까지 된다. 또한 변기 수조의 물도 아낄 수 있다.

- **도마 소독** 도마와 칼에 뿌리면 냄새 제거는 물론 세균을 소독해 준다. 현미식초나 소주를 1:1로 섞으면 더 효과적이다. 먹고 남은 과일껍질에 뿌리면 초파리나 하루

식중독균 배양 실험

1. 일반 가정의 도마와 칼에서 세균 샘플을 채취해 두 개의 배양 샬레에 옮긴다.
2. 현미경으로 확대해 대장균을 확인한다.
3. EM쌀뜨물 발효액을 한쪽 세균 배양 샬레에만 도포한다.
4. 두 개의 샬레를 배양 인큐베이터에 넣고 48시간 대장균을 배양한다.

실험 결과
EM쌀뜨물 발효액을 도포하지 않은 샬레에는 기포 즉, 대장균이 생성되었다. 반면 EM쌀뜨물 발효액을 도포한 샬레에는 작은 기포 즉, 대장균 이외의 미생물 흔적만 보인다.

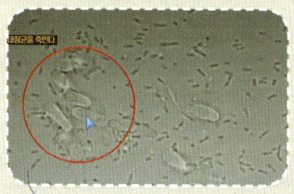

득실거리는 대장균

살이가 날아들지 않는다.

- **프라이팬의 기름 때 제거** 프라이팬을 먼저 EM쌀뜨물 발효액에 담갔다가 세척하면 기름 때를 쉽게 벗겨낼 수 있다. 녹슨 물건과 탄 냄비를 닦을 때에도 같은 방법을 적용한다.

최고의 보습 효과 EM비누

1. 볼에 기름 1ℓ를 넣는다.

   > **Point** 사용 전 유통기한이 지난 기름으로는 미용비누를, 사용한 폐식용유로는 빨랫비누를 만든다.

2. 원하는 효능에 따라 우엉가루 등의 천연 분말을 첨가한다.

3. 주걱을 이용해 한 방향으로 여러 번 돌리면서 섞는다. 돌리는 방향을 바꾸면 비누에 공기가 들어가서 비누질이 떨어진다. 가급적 핸드블렌더는 사용하지 않는다.

4. EM유화수 430ml을 넣는다.

   > **Point** EM유화수 가성소다의 독성 성분을 EM을 이용해 약 한 달간 정화 및 분해시킨 가성소다 대용품.

5. 취향에 따라 라벤더나 로즈메리 같은 아로마오일을 추가한다. 여러 가지 향을 섞어도 좋다.

6. 계속 저어서 묽은 마요네즈 정도의 농도가 되면 비누가 잘 만들어지고 있는 것이

↘ 환경 살리고 피부 살리는 EM비누

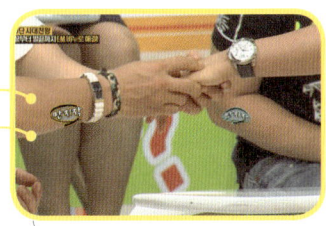

↘ EM비누로 손을 씻었을 뿐인데 핸드크림까지 바른 것처럼 촉촉한 효과가 난다.

다. 주걱으로 별을 그려 별 모양이 보이면 거의 완성. 마지막으로 EM 원액을 약간 첨가한다.

7. 6을 우유팩에 넣어 뚜껑을 덮은 다음 스테이플러로 고정한다.

8. 7을 스티로폼 상자에 넣어 이틀 동안 보온시켜 비누를 굳힌다.

9. 굳힌 비누를 바람이 통하는 그늘에서 한 달간 숙성시킨 다음 사용한다.

구취 제거와 세균 억제에 좋은 EM치약

1. 글리세린 20ml에 자일리톨 5g을 넣고 섞는다.

> **Point** 자일리톨은 충치를 유발하는 뮤탄스균을 억제해 준다.

2. 옥수수 전분 10g, 베이킹소다 20g, 그리고 치약의 점도를 만들어주는 쟁탄검 1g을 넣는다.

3. 정제수 30ml와 잇몸 염증에 좋은 프로폴리스 10g을 희석해서 넣는다.

> **Point** 정제수는 수돗물을 화학적, 물리적인 방법으로 여과해서 만든 순수한 물. 프로폴리스는 꿀벌이 각종 나무에서 채취한 다양한 수액과 꽃에서 밀랍 등의 분비물을 이용해 만든 물질.

4. EM 원액 3ml와 향을 내기 위해 스피아민트 두 방울을 첨가한다.

5. 계속 젓다가 되직해지면 완성. 짤주머니에 치약을 넣고 치약 통에 넣어 하루 숙성시킨 다음 사용하고, 유통기간은 2~3개월 정도이다.

강하지 않고 매우 부드러워요. EM치약으로 이를 닦고 오렌지주스를 마셔도 쓴맛이 안 나네요.

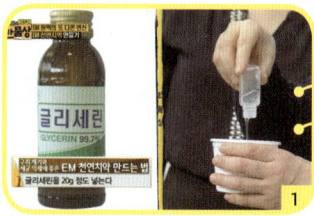

기미·주근깨 예방에 좋은 **천연 EM미스트**

1. EM 원액 100ml에 녹차 우린 물 100ml를 넣는다.

2. 귤즙을 짜서 넣고 천일염 2알을 넣은 다음 병에 담으면 완성. 하루 정도 숙성시켜 사용한다.

> **Point** 귤에는 여드름균을 억제하는 성분이 들어 있다.

EM비누로 씻고, EM쌀뜨물 발효액으로 헹군다

- EM비누로 세안한 다음 EM쌀뜨물 발효액을 100:1 정도로 희석한 물로 헹군다. 발효액과 물의 비율은 100:1로 시작해서 50:1로 점차 늘려 나간다.
- EM비누로 머리를 감고 나서 린스 대신 EM쌀뜨물 발효액으로 머리를 헹군다.

간편하게 만드는 EM샴푸

1. 일반 샴푸를 반 정도 덜어낸다.
2. 샴푸통에 EM쌀뜨물 발효액을 넣고 섞는다.

샴푸와 발효액의 비율은 1:1이나 4:1 등 취향에 따라 달리한다. 한 달 분량만 만들어 사용해야 한다.

EM쌀뜨물 발효액으로 식물 기르기

음식물 쓰레기에 EM쌀뜨물 발효액을 뿌려 발효시키면 깊은 산 속에서 가져 온 듯한 흙냄새가 나는 천연 퇴비를 만들 수 있다. 그렇게 만든 천연 퇴비로 채소를 키우면 잘 자라고, 아삭한 식감도 더 살아 있다.

 ## 음식물 쓰레기로 만드는 **천연 퇴비**

1. 거름망이 있는 음식물 쓰레기통에 음식물 쓰레기를 넣고 EM쌀뜨물 발효액을 듬뿍 뿌린다. 부패가 심한 여름철에는 더욱 많이 뿌려야 한다.
2. 음식물 쓰레기가 안 보일 정도로 흙을 덮는다.
3. 평소에 뚜껑을 덮어 놓았다가 음식물 쓰레기가 나올 때마다 EM쌀뜨물 발효액을 듬뿍 뿌리고 다시 흙을 덮는다.
4. 쓰레기통에 가득 쌓이면 비닐봉지에 넣고 잘 묶은 다음 따뜻한 곳에 놓고 발효시 킨다. 발효되면서 하얀 방선균(토양이나 하천 등에 존재하는 미생물로 식물의 영양

흡수를 돕고 항생물질을 생산해서 나쁜 세균을 억제한다)이 생기면 완성.

Point 음식물 쓰레기통의 거름망에 걸러진 물기로도 천연 퇴비를 만들 수 있다. EM 원액을 넣고 일주일 정도 더 발효시키면 완성.

🍶 식물의 성장 촉진

1. 500ml 크기의 생수병에 물을 채운다.

2. 1에 EM쌀뜨물 발효액을 생수병 뚜껑으로 1
   컵 넣어서 100배 정도로 희석한 EM쌀뜨물
   발효액을 만든다.

3. 희석한 발효액을 식물에 뿌린다.

Point 집 안이 건조할 때도 EM살뜨물 발효액을 식물에 뿌리면 좋다.

EM쌀뜨물 발효액 앙금 활용법

- EM쌀뜨물 발효액을 가만히 두면 바닥에 앙금이 가라앉는다.
  이 앙금으로 발뒤꿈치를 문지르면 각질이 벗겨지면서 매끈해
  진다.
- 앙금을 500~1,000배 희석해 화초에 뿌리면 잎이 반짝반짝
  해진다.
- 가스레인지 후드의 기름 때를 제거할 때 사용해도 좋다.

그 밖의 EM쌀뜨물 발효액 활용법

가정용 분무기에 물을 채우고 EM쌀뜨물 발효액을 페트병 뚜껑으로 1컵 넣어 희석해서 사용한다. 이때 분무기 구멍이 막히지 않도록 앙금을 가라앉히고 위의 발효액만 사용한다. 희석한 EM쌀뜨물 발효액은 하루만 사용하고 나머지는 버린다. 하수구에 부으면 악취 제거에 효과적이다.

- **신발 악취 제거** 냄새나는 신발에 듬뿍 뿌리고 1~2시간 정도 지나면 악취가 말끔히 사라진다.
- **신발장 악취 제거** 신발장 문을 열고 듬뿍 뿌린 다음 2시간 정도 문을 열어두면 된다. 발효액을 뿌리고 문을 바로 닫으면 습기가 차서 냄새가 날 수 있으니 꼭 말린 다음에 닫아야 한다.
- **족욕하기** 발목까지 올라오는 장화에 발가락이 잠길 정도로 EM쌀뜨물 발효액을 넣고

홍어 썩는 냄새가 나던 담당PD의 신발에 EM쌀뜨물 발효액을 뿌리자 1시간 후에는 보송보송한 냄새가 나서 서로 맡아 보겠다고 할 지경이었다.

발을 담근다. 매일 한 시간씩 6개월 이상 꾸준히 지속하면 무좀을 고칠 수 있다.

- 애완견 사료와 물에 뿌려주면 똥 냄새가 싹 사라진다.

- **땀으로 변색된 옷 세탁** 변색된 부분에 뿌린 다음 세탁기에 돌리면 깨끗해진다.

- **꽃 싱싱하게 유지하기** 같은 날 구입한 장미를 하나는 일반 물에 담가두고, 하나는 EM 쌀뜨물 발효액을 넣은 물에 담가둔 다음 꽃을 비교해 보면 싱싱함의 차이를 확연하게 느낄 수 있다.

- **해충 제거** EM쌀뜨물 발효액에 계피를 넣어 뿌려 두면 바퀴벌레 같은 해충이 냄새를 맡고 피해 간다.

살림의 신, 식초

살균 소독의 끝판왕 식초로 청소하기

식초의 초산이 살균 소독을 해주고 단백질과 기름기를 분해하기 때문에 부엌과 화장실 청소에 매우 효과적이다. 아이가 있거나 환경을 생각한다면 식초를 활용하는 친환경 청소가 정답이다. 식초는 청소용으로 사용하는 것이니 가장 싸고 양이 많은 것을 구입한다.

• **샤워기, 수도꼭지 물때 제거** 샤워기나 수도꼭지에 맞는 비닐봉지를 준비한다. 약간의 물에 베이킹소다와 식초를 1:1로 섞어서 비닐봉지에 넣고 샤워기와 수도꼭지가 잠기도록 해서 밤새 묶어 둔다. 다음 날 솔로 닦으면 물때 없이 깨끗해진다.

• **욕실과 샤워부스 청소** 욕실과 샤워부스 전체에 식초를 뿌린 다음 수세미에 베이킹소다를 조금 묻혀 닦는다. 바닥 타일은 손잡이 있는 솔로 문지른다. 마지막으로 뜨거운 물로 씻어 낸다. 락스로 닦은 다음 뜨거운 물로 씻어 내면 락스의 특정 성분이 뜨거운 물과 반응해 염소가스를 배출한다. 이 가스가 안구와 호흡기에 손상을 줄 수 있기 때문에 꼭 환기를 시켜야 하는데 식초를 사용하면 이럴 위험이 전혀 없다. 식초와 소금을 1:1

로 섞어 사용하면 살균과 소독 효과가 높아진다.

- **전자레인지 세척** 물과 식초를 1:1로 섞은 희석액을 전자레인지 내부에 분무한다. 착색된 커피잔에도 같은 식초 희석액을 담고 전자레인지에 넣어 6분 정도 가열하면 수증기가 발생된다. 이 수증기로 인해 찌든 때를 쉽게 닦아 낼 수 있다. 다 닦아 내면 커피잔을 빼고 2분간 다시 가동한 다음 문을 열어 두면 식초 냄새가 사라진다.

- **장난감 소독** 큰 용기에 물과 식초를 2:1로 섞어서 장난감을 10분 이상 담근 다음 흐르는 물에 씻어서 바람이 잘 통하고 햇볕 좋은 곳에서 말린다. 물에 담그지 못하는 장난감은 식초물을 분무기에 담아 뿌려 닦는다. 좁은 틈새는 면봉에 식초물을 묻혀 닦는다.

- **스팀다리미 구멍에 끼는 물때 제거** 다리미에 물을 채울 때 식초 섞은 물을 넣은 다음 다리미를 세워 놓고 스팀을 빼주면 된다.

샤워기 물때 청소

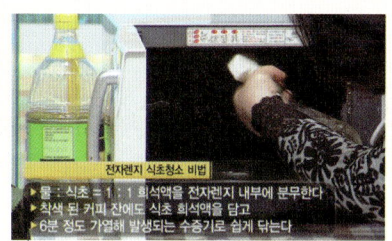
식초 희석액을 분무하고 전자레인지를 가열한 후
전자레인지를 닦아내면 깨끗하게 청소할 수 있다.

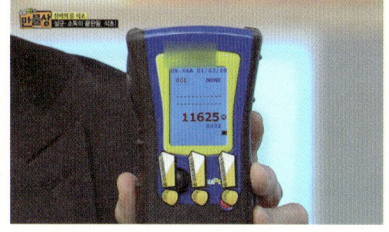
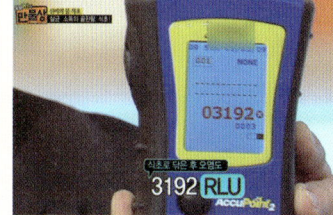
장난감의 세균오염도 측정 결과 화장실보다 더 더러운 상태였는데,
식초로 청소한 후에 측정했더니 4분의 1로 세균오염도가 줄어들었다.

- **도마, 부엌칼, 휴대폰 살균** 도마와 부엌칼에는 식초를 분무해 닦고, 휴대폰은 식초에 적신 키친타월로 닦는다.
- **새 스테인리스 냄비 소독** 식초를 물에 풀어서 한 번 끓여준 다음 냄비를 쓰면 코팅이 되어 변색이 적고 깨끗이 소독된다.
- **입구가 좁은 병 닦기** 병에 식초를 붓고 소금을 적당량 넣은 다음 흔들어주면 깨끗하게 닦인다.
- **압력솥 닦기** 압력솥 안에 2인분 밥 할 정도의 물과 식초 1+1/2큰술을 넣고 취사 버튼을 누른다. 그동안 식초를 행주에 묻혀 겉을 닦고 취사가 끝나면 뚜껑의 고무패킹 부분을 빼서 습기를 닦은 다음 다시 장착한다. 압력 추 부분은 면봉에 식초를 묻혀 닦는다.

압력솥 청소만 잘해도 밥맛이 달라져요.

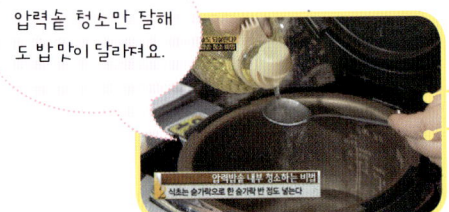

화학 세제로 닦으면 계면활성제 때문에 찝찝한데 식용 식초로 닦으면 안심할 수 있겠어요.

살균 소독의 끝판왕 식초로 세탁하기

- **오염된 세탁물 응급처치하기** 냅킨에 식초를 묻혀서 오염된 부분을 두드린다. 이렇게 응급처치한 뒤 집에서 세탁하면 오염이 완벽하게 제거된다.
- **카펫 얼룩 제거하기** 미지근한 물 약 500ml에 중성 세제와 식초를 각각 1큰술씩 넣고 잘 섞는다. 이렇게 만든 식초 세제를 솔에 묻혀 카펫의 얼룩진 부분을 문지른다. 깨끗한 수건으로 닦은 다음 식초 세제를 뿌리고 다시 문지른다.
- **수영복 세탁하기** 보통 수영복은 스판덱스로 만들어지는데 수영장 물에 들어 있는 염

> 카펫이 놀라울 정도로 정말 깨끗해졌어요.

식초로 케첩 얼룩 응급처치하기

카펫의 짜장 라면 얼룩 식초로 제거

소가 스판덱스를 약하게 하는 원인이 된다. 식초를 희석한 물에 수영복을 담가 세탁하면 식초가 염소를 중화하는 섬유 유연제 역할을 해서 수영복을 훨씬 오래 입을 수 있다.

쓰임새 많은 식초의 다양한 활용법

- **채소와 과일 씻기** 식초를 푼 물에 채소나 과일을 5~10분 정도 푹 담가 씻은 다음 흐르는 물에 한 번 헹군다. 일반적으로 레몬에 식용 왁스를 코팅하는 것은 알고 있지만, 브로콜리에 대해서는 모르는 경우가 많다. 브로콜리에도 꽃이 피거나 상처가 나는 것을 방지하기 위해 왁스 코팅을 하는데 식초로 씻으면 코팅을 제거할 수 있다. 식용 왁스라서 먹어도 크게 문제가 되지는 않지만 이유식을 만들 때나 면역력이 약한 환자의 경우에는 신경 쓰는 것이 좋다.
- **정전기 방지** 옷이나 침대 시트에 정전기가 많이 일어날 때 세탁 후 헹굼 물에 식초를 충분히 넣으면 정전기를 방지할 수 있다.
- **천연 모기약 만들기** 식초에 계피를 우려 분무기에 넣고 뿌리면 모기를 쫓을 수 있다. 또는 계피 우린 식초를 작은 통에 담고 입구를 거즈로 싸 놓아도 된다.

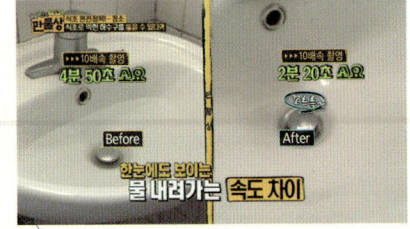

구겨진 스카프에 식초 물 분사 전후   식초로 막힌 세면대 뚫기

- **구겨진 실크 스카프 다리기** 식초와 물을 1:1로 섞어 분무기에 넣고 뿌린 다음 헤어드라이어로 말리면 주름이 바로 펴진다.
- **막힌 싱크대와 세면대 뚫기** 베이킹소다를 하수구에 뿌리고 식초를 부으면 거품이 생긴다. 여기에 뜨거운 물을 부으면 막힌 하수구가 뻥 뚫리고 악취 제거 효과도 있다. 시판되는 배관 세척제는 농도가 진한 수산화나트륨으로 피부나 눈에 튀면 매우 위험하니 식초를 이용하자.
- **식초 가습기 만들기** 식초 넣은 물을 끓여서 가습기처럼 사용한다. 식초 성분이 휘발되면서 피부나 호흡기의 산도를 낮춰 주고 항균과 항바이러스 효과를 낸다.
- **천연 멀미약 만들기** 수건에 식초를 듬뿍 적셔서 코에 대면 멀미를 덜 한다. 귓속의 세반고리관이라는 기관에서 균형을 잡아 주는 기능이 떨어지면서 멀미를 하게 되는데 이는 부교감 신경이 항진되는 현상이다. 식초의 강한 향이 교감 신경을 강하게 자극하면 상대적으로 부교감 신경이 억제되기 때문에 멀미 증상이 진정, 완화된다.

요리에 식초 활용하기

- 된장찌개를 끓일 때 식초 1스푼을 넣으면 된장 특유의 냄새를 잡아 주고 짠맛을 덜어

준다.

• 묵은 쌀로 밥을 지을 때 식초를 넣으면 냄새를 잡아 준다. 냄새가 심한 경우에는 식초, 정종을 넣어주면 확실히 냄새를 잡을 수 있다.

• 달걀말이 할 때 식초를 약간 넣고 말아 주면 산에 의해 달걀 단백질이 응고되어 찢어지지 않고 예쁘게 만들 수 있다.

• 조개를 해감할 때 식초를 넣으면 좀 더 빨리 해감할 수 있다.

• 큰 볼에 물을 충분히 붓고 설탕과 식초를 적당히 넣어 섞은 다음 시든 채소를 30~40분간 푹 담가두면 채소가 싱싱하게 살아난다.

살림9단의
만물상

PART 2

약이 되는 음식,
식약동원

무병장수를 위한 해독의 비법

몸속 독을 잡는 해독 식품

몸속 독을 잡는 해독 식품

우리 몸속에 쌓이는 중금속과 약독, 주독 등의 노폐물을 없애주는 해독 식품의 공통점은 이뇨 작용과 발한 작용을 하고 신진대사를 빠르게 해서 노폐물을 빼준다는 것이다. 대표적인 해독 식품으로는 녹두, 콩나물, 미나리, 감피산 등이 있으며 이 식품들은 제각각 다른 해독 기능을 갖는다. 이런 해독 식품을 하루에 한 끼만 먹어도 몸속의 독(노폐물)을 잡을 수 있다.

중금속, 약물 해독에는 녹두인절미

녹두는 동의보감에 광물질의 독을 푼다고 기록되어 있다. 또 열을 내리고 부종을 가라앉히면서 갈증을 없애 준다고 했다. 녹두는 비타민과 아미노산을 많이 함유하고 있어 간 해독에 도움이 되며, 특히 중금속과 약물 해독에 탁월한 효과가 있다. 이런 해독 성분은 알맹이보다는 껍질에 많이 들어 있으므로 껍질을 벗기지 않고 먹는 것이 중요하다.

> 중금속 해독 효과가 탁월한 녹두

> 녹두인절미

녹두인절미는 예전에 왕의 해독을 위해 아침 식사 전에 올려진 음식이다. 녹두를 불린 다음 갈아서 걸러 만든 녹두물에 쑥떡을 담가 먹어도 좋다.

술 해독에는 콩나물미나리 물김치

콩나물은 우황청심환의 재료 중 하나이며 '천연 우황청심환'이라고 불릴 정도로 숙취 해소와 피로 회복에 탁월하다. 특히 콩나물 뿌리에는 숙취 해소에 좋은 아스파라긴산이 많이 함유되어 있다. 미나리 역시 술을 마시고 난 뒤 생기는 열독을 치료하고 간을 해독한다. 콩나물과 미나리에 황기 물을 더해 만드는 콩나물 미나리 물김치는 단연 술 해독에 최고이다. 미리 만들어 냉장고에 넣어 놓았다가 과음한 다음 날 마시면 술 깨는 데 매우 효과적이다.

🍴 콩나물미나리 물김치 만들기

1. 콩나물은 대가리를 떼어내 손질한다.

> **Point** 콩나물은 자라면서 영양소가 거의 뿌리로 내려간다. 콩나물 대가리는 영양가도 없고 보기에도, 씹기에도 좋지 않으니 떼는 것이 좋다.

2. 황기 물에 콩나물을 삶는다. 삶을 때 소금을 조금 넣는다.

3. 삶은 콩나물을 찬물에 헹군다.

4. 차게 식힌 황기 물에 삶은 콩나물과 미나리, 파프리카 등의 채소를 넣고 숙성시킨다.

차게 해서 먹으면 속이 개운해져요.

Tip

숙취 해소에 좋은 음식

- **칡즙** 열이 오르고 구역감이 생길 때, 뒷목이 뻐근하고 근육이 뭉칠 때 칡즙을 먹으면 땀이 나면서 근육이 풀어지고 해독이 된다.
- **식초를 많이 넣은 무생채와 식초를 넣은 드레싱을 뿌린 샐러드**는 술에 잘 취하지 않도록 하고 해독에 좋다.
- **꿀물** 알코올 분해에는 물과 당분이 필요하기 때문에 꿀물을 마시면 숙취가 해소된다.

주독(酒毒)에는 감피산

감자의 사포닌은 혈중 콜레스테롤 수치를 낮춰주고, 안토시아닌은 혈관 벽에 나쁜 콜레스테롤이 축적되는 것을 막아준다. 감자껍질(감피) 역시 콜레스테롤 분해에 탁월하고 이뇨 작용을 해 부기를 빼준다. 감자껍질을 말리고 덖어서 가루로 만든 감피산은 주독을 없애는 데 효과적이다.

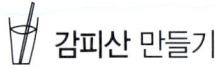 감피산 만들기

1. 감자껍질을 벗겨 깨끗이 씻은 다음 말린다.
2. 말린 감자껍질을 덖은 다음 가루를 낸다.
3. 감피산을 차로 우려내 마신다.

구수한 숭늉 같아요.

콜레스테롤 약 대신 감피산 차를 4일 정도만 꾸준히 마시면 효과를 볼 수 있어요.

장 청소(변비)를 위한 요일별 메뉴

변이 단단하고 양이 적고 보기 어렵다면 변비 증상이고, 보통 일주일에 두 번 미만으로 변을 보면 만성 변비라고 할 수 있다(단, 두 번이라도 시원하게 보면 변비라고 하지 않는다). 변비의 원인으로는 치질, 갑상선 질환, 당뇨, 대장암

등이 있는데 이를 이차적인 변비라고 한다. 일차적인 변비, 즉 습관성 변비는
음식으로 충분히 고칠 수 있다.

월요일 소고기 아욱국

장내 윤활 운동이 저조해지면서 나타나는 노인
성 변비에 특히 좋다. 아욱은 《동의보감》에 성질
이 차고 장의 적치(덩어리)와 뭉친 기운을 풀어준
다고 나와 있다. 아욱과 궁합이 맞는 음식은 새
우와 조개이고, 소고기는 궁합이 맞지 않는 음식

으로 소고기와 아욱을 더해 배변을 유도하는 것이다. 따라서 소고기 아욱국은 설사
를 자주 하는 사람에게는 좋지 않다.

화요일 시금치 바나나주스

취침 전에 먹으면 다음 날 효과를 볼 수 있다. 데
치지 않은 생시금치 50g, 바나나 50g, 요구르트
2개(100ml)를 믹서에 넣고 갈면 완성(1인분). 시금
치는 비타민, 철분, 칼슘 등이 풍부해 변비와 빈
혈에 좋고, 바나나는 식이섬유를 풍부하게 함유
하고 있어 설사와 변비에 모두 좋다.

🥤 수요일 양배추 청국장주스

청국장 냄새 대신 고소한 미숫가루 냄새가 나네요.

무리한 다이어트와 불규칙한 식습관 때문에 생기는 허혈성 변비(피가 부족해서 생기는 변비)에 좋다. 양배추 50g, 청국장가루 50g, 요구르트 2개(100ml)를 믹서에 넣고 갈면 완성(1인분).

🥤 목요일 양배추 감자주스

아주 심한 변비에 좋다. 섭취 후 3시간 이내에 효과를 볼 수 있다. 양배추에는 유황 성분과 염소 성분이 있어서 위궤양에도 좋다. 또 화상 환자에게 양배추와 감자를 갈아서 발라 주면 새살이 돋아난다. 양배추 50g, 생감자 50g, 요구르트 2개(100ml)를 믹서에 넣고 갈면 완성(1인분).

변비에 좋은 지압법

1. 손등 쪽 손목에 손가락 네 개를 올린다.
2. 검지가 닿는 부위가 지구혈. 우리 몸의 하수구를 청소한다는 뜻이다. 화장실 가기 2~3분 전이나 변기에 앉아서 변을 보기 어려울 때 지구혈을 지그시 누르면 배 통증이 없어지면서 배변 활동이 활발해진다.

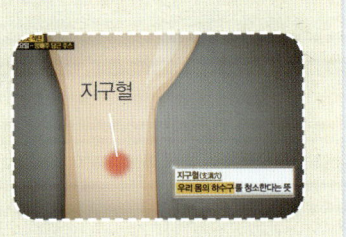

금요일 **양배추 사과주스**

아침 식사 전에 마시면 장 청소와 함께 하루를 산뜻하게 시작할 수 있다. 양배추 50g, 사과 50g, 요구르트 2개(100ml)를 믹서에 넣고 갈면 완성(1인분).

토요일 **양배추 당근주스**

당근에 함유된 풍부한 식이섬유와 미네랄이 장내 세균의 활동을 원활하게 만들어주어 유해 세균을 제거할 수 있도록 도와 변비를 해결한다. 양배추 50g, 당근 50g, 요구르트 2개(100ml)를 믹서에 넣고 갈면 완성(1인분).

일요일은 월요일부터 토요일까지의 메뉴 중 마음에 드는 것으로 섭취한다.

Tip

자신의 체질을 생각해서 체질에 맞는 과일이나 채소와 양배추를 함께 갈아 마시는 것도 좋다. 변비에 좋다고 모든 재료를 섞어 마시는 건 금물이다.

- 소음인 – 사과
- 소양인 – 바나나
- 태음인 – 당근
- 태양인 – 딸기

방귀 냄새로 건강 체크하기

방귀에서 부추나 마늘, 양파 썩는 냄새가 나면 대장암을 의심해봐야 한다. 꼭 대장암 검사를 받아보자.

놀라운 자연 영양제

갯벌의 산삼, 함초

염전이나 갯벌 주위에 자생하는 함초. 함초의 또 다른 이름은 통통하게 생겼다 해서 '통통마디'. 동의보감에도 기록되어 있지 않은 함초는 1983년 처음으로 한

국자원 식물도감에 수록되었다. 1980년대 이전까지는 잘 알려지지 않다가 2000년대 와서야 함초에 대한 연구 논문이 쓰여지기 시작했다. 민간에서는 예전부터 해안에서 일하다가 배가 아플 때 함초를 갈아서 먹기도 했다는데, 처음에는 잡초로 여기다가 구황식물로 섭취하게 되면서 함초의 효능이 알려지기 시작했다.

함초는 사포닌 성분을 네 가지나 함유하고 있어 '갯벌의 산삼'이라 불리기도 한다. 함초는 광합성 작용을 통해 나쁜 성분을 걸러낸 내염성 식물로 좋은 미네랄인 칼륨은 많이, 나쁜 미네랄인 나트륨은 매우 적게 함유하고 있다. 그리고 무엇보다 함초는 지방을 분해하는 효과가 뛰어난 것으로 알려졌다.

🍴 함초로 만드는 **천연 저염 조미료**

1. 깨끗이 씻어 말린 함초를 잘라 믹서에 넣는다.
2. 맛을 가미하기 위해 다시마와 멸치(머리와 내장을 떼낸)를 믹서에 넣고 간다.

   Point 생함초를 녹즙기로 즙을 내서 요리에 넣으면 맛이 깔끔하다.

🍴 **함초밥** 만들기

미네랄과 식이섬유가 풍부한 함초를 간접적으로
섭취하는 방법이다. 4인 기준으로 3~4g의 함초
를 넣고 밥을 한다. 함초밥은 일반 밥보다 쫀득
하고 식어도 색이 변하지 않는다. 습한 여름에
나는 쌀 냄새도 함초를 넣으면 싹 사라진다.

함초밥 맛나요!

팝도 름해서 두먹
밥을 만들어 먹으
면 좋겠어요.

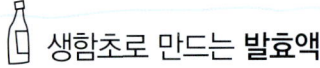

🍶 생함초로 만드는 **발효액**

1. 생함초를 깨끗이 씻어 말린다.
2. 함초와 흑설탕을 400g씩 넣고 버무린다. 단
   맛이 싫으면 설탕을 덜 넣어도 된다.

기분 좋은 짠맛이
에요. 단 향은 나지
만단맛은 없네요.

3. 설탕이 녹으면서 삼투압 현상이 일어나면 밀폐용기에 넣는다.

4. 25~28℃의 상온에서 보관한다. 10~13개월이면 숙성된다.

🍴 아삭함이 일품인 **함초김치**

함초는 나트륨을 적게 함유하고 있어 삼투압이
잘 일어나지 않으므로 함초만으로 김치를 절이
기가 쉽지 않다. 따라서 절일 때는 천일염을 쓰
고 간을 맞출 때 함초를 사용한다. 액젓을 적게
넣는 대신 함초 분말을 넣는 것이다. 이렇게 하

3년 묵은 함초김치
가 아삭아삭한 식감
이 살아있어요.

면 김치가 쉬는 속도가 늦춰지는데 이는 함초의 칼슘과 칼륨이 쉬는 속도를 막아 주
기 때문이다. 김치 양념을 만들 때 함초 분말을 고춧가루 중량의 5% 정도 넣어준다.
예를 들어 고춧가루 50g을 사용했다면 함초 분말은 2.5g을 넣어서 김칫소를 만든다.
여기에 함초 발효액도 약간 넣어 주면 좋다. 단, 함초 분말을 너무 많이 넣으면 김치
색이 변하니 주의한다.

함초의 성장 과정

함초는 봄에 싹을 틔워 5~6월이 되면 잎이 부드러워진다. 잎이 작고 여려서
나물이나 피클, 샐러드를 만들어 먹으면 좋다. 8~9월이면 함초가 최고로 성
장한 상태, 주로 식품 가공 원료로 사용된다. 그리고 가을이 되면 단풍이 빨
갛게 드는데 이때 수분이 증발하면서 씨를 갖게 된다. 빨간 가을함초를 말려
서 털면 씨가 떨어진다. 따라서 가을함초를 씨받이 함초라고도 하며, 이 씨로
개펄이 아닌 집에서도 함초를 키울 수 있다.

가을함초   성장기의 함초

🌱 갯벌에서 자라는 **함초** 집에서 키우기

1. 접시에 모래나 소금을 깔고 헝겊으로 덮는다.

2. 접시에 헝겊이 잠길 만큼 물을 붓는다.

3. 함초 씨를 적당히 골고루 뿌린다.

4. 15~20일 정도면 발아 시작. 갯벌의 함초만큼
크게 자라지는 않지만, 적당히 크면 나물, 피클, 샐러드로 만들어 먹을 수 있다.

미네랄	함초 부위		
	잎	줄기	뿌리
나트륨(Na)	1003.4	1218.1	1333.8
칼슘(Ca)	237.5	158.8	22.1
칼륨(K)	650.1	740.1	741.1
마그네슘(Mg)	46.5	54.0	52.5
아연(Zn)	13.4	29.6	2.4
철(Fe)	31.5	66.2	84.8
구리(Cu)	3.1	1.1	2.1
니켈(Ni)	1.1	0.7	0.4
망간(Mn)	7.2	3.9	3.0

함초의 부위별 미네랄 성분 함량

🌱 집에서 **함초를 좀 더 크게 키우기**

집에서 허브처럼 키우면 되겠네요.

1. 화분에 개펄이나 일반 흙(소금으로 개펄의 염도를 맞춘다)을 넣고 2~3개의 씨를 뿌린다.

2. 어느 정도 자란 다음 한 뿌리만 남겨 놓으면 계속 성장해서 크게 자란다.

Point 해풍의 효과를 내기 위해 통풍이 잘되는 곳에 놔두어야 한다. 그리고 열흘에 한 번 적당한 염도의 물을 줄 것. 소금물을 이용해 함초의 염도를 조절할 수 있다.

함초와 비슷한 염생식물

최근 함초의 효능이 알려지면서 함초와 비슷한 염생식물을 함초라고 속여서 팔거나 갯벌에 자라는 함초와 비슷한 염생식물을 함초로 착각해 채취해서 먹는 사람들이 있다. 《운곡본초학》이라는 책에 함초, 해홍, 칠면초, 나문재, 새발쟁이 등 각 염생식물의 식용 방법과 약효가 실려 있는데 그 약효는 서로 전혀 다르다.

• **해홍** 갯벌의 가장 건조한 지역까지 널리 분포되어 있다. 하나가 곧게 자라고 줄기는 원주형이며 가지가 많이 갈라진다.

• **칠면초** 영종대교를 지나다 보면 강화도까지 넓게 펼쳐진 갯벌에 군락을 이루며 자생한

다. 바닷가 갯벌에서 무리 지어 자라며 함초와 가장 흡사하다.

• **새발쟁이** 함초와 비슷한 환경에서 자생하는 염생식물. 자생지가 매우 희박하다.

• **나문재** 성장하면서 독성이 생기기 때문에 어린 싹만 나물로 먹는다.

함초의 체지방 분해 실험

체지방량을 측정하고 함초 발효액을 물에 희석하지 않고 30㎖ 마신 다음 1시간 동안 물도 마시지 말고 화장실도 가지 않은 상태에서 체지방량을 다시 측정했다.

함초 발효액을 마시기 전 체지방량 **19.9kg** ≫ 1시간 후 측정 결과 **19.3kg** ≫ 1시간 전보다 600g 감소

체지방 600g은 러닝머신을 2시간 가량 뛰어야 뺄 수 있는 양으로 놀라운 결과라고 할 수 있다. 그렇지만 아직 과학적으로 입증된 사실이 아니고 개인마다 차이가 있거나 부작용이 있을 수 있으니 함초 발효액만으로 다이어트를 해서는 곤란하다.

치매 잡는 두뇌 영양제, 초석잠

초석잠(草石蠶)은 풀 아래 잠들어 있는 누에처럼 생겼다고 해서 붙여진 이름이다. 원산지는 중국으로 우리나라에는 일본을 거쳐 얼마 전에야 소개되었다. 일본에서

는 늙지 않고 즐겁게 산다는 뜻의 '초로기'로 불리면서 선풍적인 인기를 끌고 있다. 초석잠의 효능을 제대로 누리려면 2월에 먹어야 한다. 봄에 싹을 틔우기 위해 겨우내 영양소를 비축해 놓기 때문에 2월에 영양이 가장 풍부하다.

초석잠의 가장 큰 효능은 치매 예방과 치료이다. 초석잠에 함유된 페닐에타노이드 성분은 뇌세포 활성화 물질이고, 콜린 성분은 뇌 활성화 물질을 전달하는 물질이다. 연구에 따르면 초석잠은 기억력을 증진시키고 뇌 기능을 활성화시킬 뿐만 아니라 치매, 뇌경색, 기억력 향상에 효과적이다. 치매의 원인 중 하나가 아세틸콜린을 분비하는 세포가 퇴화하기 때문인데 초석잠의 성분이 세포의 퇴화를 막아서 아세틸콜린의 분비량을 증가시킨다.

또한 혈액순환을 촉진시켜 장을 깨끗하게 해주고 변비에 좋다. 초석잠의 주성분은 탄수화물, 탄수화물 중에서도 올리고당이다. 올리고당은 위장에서 분해되지 않고 대장까지 전달되어 비피더스균 같은 장내 좋은 유산균의 먹이로 사용된다. 따라서 유익한 균들이 활성화되면서 장이 건강해진다. 장 건강이 어느 정도 좋아지면 장내에 많은 면역세포가 활성화되어 면역력도 증가한다. 올리고당이 대장까지 내려가므로 당이 서서히 올라가서 다이어트에 좋다. 또 올리고당의 열량은 설탕의 1/4에 불과하지만 포만감이 있어 다이어트에 도움이 된다.

초석잠은 항산화 능력이 우수하고 항균 효과도 뛰어나다. 그 밖에 소변을 잘 보게 하고 부기를 빼주며 간경화와 지방간을 개선하고 혈액순환을 촉진시켜 동맥경화를 예방한다.

초석잠 vs 택란

최근 초석잠의 효능이 알려지면서 누에형 초석잠이라는 식물이 초석잠으로 잘못 유통되고 있다. 누에형 초석잠은 우리말로 쉽싸리, 또는 택란이라고 하는데 초석잠과 같은 꿀풀과 식물이지만 효능은 전혀 다르다. 택란은 치매 예방 효과는 전혀 없고 자궁을 수축시켜 산후병을 치료하는 데 쓰인다.

초석잠(좌), 택란(우)

초석잠 활용법

초석잠은 독성이 전혀 없어 생으로 먹어도 된다. 특히 치매 예방과 치료를 위해서라면 생으로 먹는 것이 좋다. 무말랭이 말리듯이 일주일 정도 말려서 먹기도 하는데 햇볕에 말려도 올리고당 때문에 단단하게 마르지 않고 눅진거린다. 말린 다음 덖어서 먹거나 차로 우려내서 마셔도 좋다.

혈액순환에 좋은 **초석잠 장아찌**

1. 냄비에 물, 식초, 설탕을 1:1:1로 넣는다.
2. 간장은 0.5 비율로 넣고 소금으로 간을 더한다.
3. 센 불에서 5분 정도 팔팔 끓인 촛물을 뜨거울 때 초석잠에 붓는다.

> **Point** 촛물은 뜨거울 때 부어야 아삭한 식감을 살릴 수 있다.

정말 아삭아삭
하고 고소해요.

4. 3~4시간 상온에 두었다가 냉장고에 넣고 먹는다.

> **Point** 간장을 빼고 소금만 넣고 피클로 만들어 햄버거나 샌드위치에 넣어서 먹으면 맛있다.

🍳 간식으로 먹는 초석잠 팝콘

1. 말린 초석잠을 프라이팬에 넣고 덖으면 팝콘처럼 부풀어 오른다.

2. 볶은 초석잠을 식혀서 먹는다. 바로 먹으면 눅진거리고 식혀야 바삭해진다.

 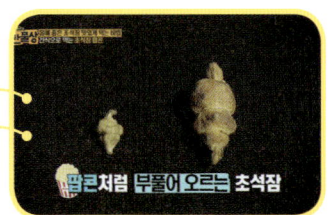

🍶 뇌졸중 예방하는 초석잠주

초석잠의 여러 성분이 빠져나오도록 30도의 담금주로 담근다. 소주잔 반 잔 정도의 초석잠주를 아침, 저녁으로 먹으면 뇌졸중 예방과 혈액순환에 탁월한 효과를 볼 수 있다.

> 냄새는 순한데 맛은 정말 독하네요. 입에 머금지 말고 바로 넘겨야 해요.

간에 특효약인 **칡**

콩과의 덩굴식물인 칡은 암칡(밥칡)과 수칡이 있다. 크고 동글동글한 모양의 암칡은 수분과 전분을 많이 함유하고 있으며, 길쭉한 모양의 수칡은 암칡에 비해 수분과 전분을 적게 함유하고 있어 좀 더 질기다. 칡은 다섯 가지 맛, 즉 단맛, 쓴맛, 짠맛, 신맛, 매운맛을 내는데 칡에 많은 이소플라보노이드 성분으로 인해 쓴맛이 단맛으로 변한다. 칡뿌리가 가장 많은 영양소를 함유한 시기는 2월로 봄에 싹을 틔우기 위해 겨우내 영양소를 비축해 놓기 때문이다.

수령이 얼마 되지 않은 암칡

건재상, 약재상에서 구입 가능한 먹기 좋게 잘라서 말린 칡

- 칡에 함유된 카테킨 성분이 알코올성 지방간에 효과적이다.
- 비만인 사람, 운동 잘 안 하는 사람, 항상 양쪽 어깨에 돌을 얹어 놓는 것 같은 사람이 칡을 먹으면 뒷목이 시원해진다.
- 칡차를 마시면 숙취 해소와 감기 예방에 좋다.

🍶 집에서 쉽게 **칡즙 내기**

1. 물 1ℓ에 10cm 크기의 말린 칡 5개(또는 3cm 크기의 말린 칡 10개)를 넣는다.

2. 물의 양이 반으로 줄 때까지 끓이면 칡차 완성.

3. 칡차를 4~5시간 더 끓여서 졸이면 칡즙 완성.

> 칡차는 생칡으로 먹을 때와는 달리 정말 부드러워요.

> 칡즙은 칡차보다 좀 더 진하고 쓴맛이 강하네요.

배와 칡의 궁합은?

성질이 찬 칡에 성질이 찬 배를 더하면 몸을 시원하게 하는 작용이 배가 된다. 또 칡 발효액을 만들 때 배 발효액은 당분 역할을, 약초 누룩은 발효 과정의 먹잇감 역할을 한다. 칡을 생으로 먹으면 몸이 찬 사람들은 불편할 수 있는데 발효를 해서 먹으면 찬 성질이 중화되어 편하게 마실 수 있다.

약초 누룩 → 발효 과정의 먹잇감 역할
배 발효액 → 설탕(당분) 역할

🍶 생칡 발효액 만들기

1. 토막낸 생칡에 배 발효액(또는 꿀)을 넣는다.

2. 솔잎, 쑥 등의 약초로 만든 누룩을 넣는다.

   Point 약초 누룩을 전체 양의 1% 정도 넣으면 발효가 훨씬 더 잘 이뤄진다.

발효 후 남은 칡도 먹을 수 있다. 발효액에 절여진 칡 절임을 장조림처럼 찢어서 먹는다.

칡 절임

🍳 갈증 해소에 좋은 **칡 전분**

1. 칡을 잘라 찧은 후 물에 담근다.

2. 하루 정도 지나면 전분이 가라앉는다.

3. 윗물을 따라버리고 가라앉은 전분을 말린다.

칡 전분으로 만든 묵

마른 칡 전분은 6배, 물기가 있는 전분은 5배의 물을 넣고 계속 저으면서 끓이면 탱글탱글한 칡 묵 완성.

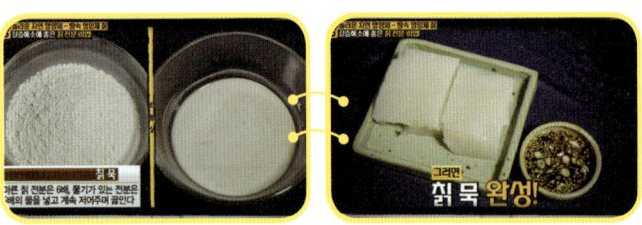

칡 전분의 효능은?

생강물이나 꿀물에 타 먹으면 갈증 해소에 좋고 소갈병에도 효과적이다. 특히 음주 후 갈증이 심할 때 꿀차에 칡 전분을 넣어 마시면 갈증 해소는 물론 해독 효과까지 얻을 수 있다.
칡 전분은 고급 요리에 사용하는 고급 전분으로 일반 전분을 넣으면 뿌옇게 변하는 데 반해 칡 전분을 넣으면 맑고 투명해진다.

바다 칼슘제 감태

감태는 매생이, 파래와 비슷하게 생겼지만, 매생이보다 두껍고 파래보다는 얇다. 달곰한 맛이 나서 '단 풀', 즉 감태(甘苔)라는 이름을 얻었다. 학명으로는 가시처럼 뾰족하게 생겨서 가시파래라고 한다. 감태는 청정 지역의 지표 식물로 오염된 환경에서는 자랄 수 없다. 우리나라에서는 무안, 신안, 태안 지역의 청정 갯벌에서 자란다. 양식으로 키울 수 없어서 모두 자연산이고 아직까지 100% 전통방식으로 사람 손을 이용해 일일이 말려 판매한다. 생산 시기에 대량으로 구입해서 잘 밀봉한 다음 냉동 보관하면 일 년 내내 먹을 수 있다.

↳ 폴리페놀의 항산화 성분이 녹차보다 감태에 더 많다.

감태의 폴리페놀에는 녹차에 들어 있는 폴리페놀의 항산화 성분보다 더 높은 항산화 성분이 함유되어 있다. 감태에 대한 연구 논문을 보면 감태가 면역력을 높여주고 고혈압, 당뇨, 심지어 치매 예방에도 효과가 있다.

· 감태에는 우유보다 6배 많은 칼슘이 들어 있다. 게다가 미네랄이 풍부하게 들어 있어 칼슘 흡수를 도와준다.
· 감태에 풍부한 식물성 에스트로겐은 폐경기 여성의 골다공증에 탁월하다. 또 폐경기에 나타나는 체중 증가도 막아 준다.

감태 활용법

겨울에는 생감태가 억세서 부드럽게 숙성시켜야 한다. 우선 바닷물이나 정수 물에 생감태를 깨끗이 씻어 물기를 짠 다음 밀봉해서 이틀간 상온에서 숙성시키면 부드러워진다. 이렇게 만든 물감태는 감태로 만드는 음식의 기본 재료가 된다. 감태는 매생이보다 질겨서 국보다는 전이나 물김치로 요리한다.

밀봉한 감태를 상온에서
이틀간 숙성시키면 부드러워진다.

🍴 감태 무침 & 감태 물김치 만들기

1. 감태에 파, 마늘 등으로 양념하면 감태 무침.
2. 감태 무침에 육수나 김칫국물을 넣으면 감태 물김치 완성.

파래보다 입자가 훨씬 가늘고 부드러워 솜사탕처럼 사르르 녹아요.

🍴 고소하게 **감태 굽는 법**

1. 들기름 2큰술, 참기름 2.5큰술, 식용유(또는 올리브오일) 4.5큰술을 섞는다.

   Point 식용유를 섞으면 발연점이 높아져 얇은 감태가 타지 않는다. 또 세 가지 기름을 섞으면 오메가 3, 오메가 6를 적당히 섭취할 수 있다.

2. 혼합한 기름을 손에 묻힌 다음 감태에 골고루 바른다. 이때 여러 장을 겹쳐서 바른다.

3. 감태에 소금을 뿌린다. 5~10분 정도 놔둔 다음 구우면 맛이 더 좋아진다.

4. 달궈진 프라이팬에 감태를 올리고 천천히 잡아당기듯이 굽는다. 프라이팬에 감태 전체를 올리고 구우면 다 타버리니 약한 불에 천천히 오랫동안 굽는다.

입안에서 사르르 녹아요.

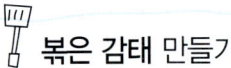 볶은 감태 만들기

1. 생감태를 손으로 부숴서 가루로 만든다.

2. 프라이팬에 들기름 2큰술, 참기름 2.5큰술, 식용유 4.5큰술 섞은 기름을 약간 두르고 1의 감태를 조금씩 넣어 가며 약한 불에서 15~20분 정도 천천히 볶는다.

   Point 볶은 감태를 냉동 보관하면 일 년 내내 먹을 수 있다.

볶은 감태 주먹밥 만들기

양념하지 않은 맨밥을 볶은 감태에 굴려 주기만 하면 완성. 볶은 감태 주먹밥은 5성급 호텔에서 판매 중인 메뉴이다.

남녀노소 누구나 좋아하는 고소하고 담백한 감태 주먹밥

감태가루 만들기

마른 감태를 살짝 구워서 믹서에 갈면 된다. 양념은 첨가하지 않는다.

감태를 부순 것(우),
믹서에 갈은 감태가루(좌)

🍶 피부에도 좋은 **감태팩**

플레인 요구르트에 감태가루를 적당량 섞으면
완성. 거즈 없이 얼굴에 바로 올리면 건조한 겨
울철 수분 공급에 최고다. 요구르트의 젖산이
피부의 각질층을 분해해주고 보습 작용도 한다.
풍부한 미네랄이 세포의 신진대사를 활성화시
킨다.

감태팩은 녹차 아이스크
림 맛이 나요~ 피부에 양
보할 수 없어요~ ^^

🥤 칼슘약이 필요 없는 **감태 셰이크**

우유에 볶은 감태를 적당량 넣으면 완성. 칼슘
은 마그네슘 등의 미네랄과 함께 먹어야 잘 흡
수된다. 따라서 미네랄이 풍부한 감태를 우유에
넣어 마시면 칼슘 흡수율이 높아진다.

볶은 감태와 우유의 궁
합이 안 맞을 거 같았는
데 의외로 맛이 좋네요.

단위 mg/100g

약 6배!

우유 vs 감태 칼슘 비교 그래프

출처 : 서울우유협동조합 국립수산과학원

가정 상비약, 미나리

미나리는 습지나 연못가에서 자라는 수경 식물로 예부터 미나리를 심은 논을 미나리꽝이라고 불렀다. 미나리꽝은 수질을 개선하는 역할을 하기도 했다. 미나리는 대표적인 알카리성 식품으로 탄수화물이 주식인 한국인에게 특히 필요하다.

- 미나리의 방향 성분이 뇌를 각성시켜 머리를 맑게 한다.
- 바이오플라보노이드, 캠프페롤, 퀘르세틴 성분은 항암 효과가 있다. 미나리를 살짝 데치면 이런 성분이 증가한다. 플라보노이드 성분 중 페르시카린이 간 해독과 간 수치 저하에 탁월하다.
- 미나리에는 비타민 C를 비롯해 비타민 B1, 비타민 B6, 비타민 B7, 비타민 B 복합체 등이 들어 있어 피부 미용과 감기 예방에 좋다.
- 미나리는 칼슘, 철, 인, 식이섬유 등을 풍부하게 함유하고 있다. 특히 나트륨을 배출하는 칼륨이 400mg 이상 들어 있어 칼륨의 보고라고 할 수 있다.

• 미나리 달인 물만 마셔도 대소변을 원활하게 볼 수 있다. 미나리즙을 먹을 경우 질긴 식이섬유까지 먹을 수 있어 배변 활동과 장 건강에 특히 좋다.

설탕 양을 확 줄인 **미나리청**

1. 일주일 정도 말린 미나리를 7cm 길이로 잘라 병에 넣는다.
2. 설탕을 미나리 양의 20% 정도만 넣는다. 미나리와 설탕의 비율은 8:2.
3. 미나리와 설탕을 잘 섞어 밀봉한 다음 50일간 숙성하면 완성.

먹기 좋고 몸에도 좋은 **미나리즙**

미나리청과 적당히 자른 미나리를 3:7 비율로 믹서에 넣고 갈면 완성. 질긴 식이섬유까지 먹을 수 있어 장 건강에 좋다.

뻑뻑하지 않아서 목 넘김이 편하네요.

🍳 일 년 내내 먹을 수 있는 **미나리 절임**

미나리 절임은 구운 고기를 싸 먹거나 김밥의 속 재료로 활용해도 좋다.

1. 냄비에 미나리청, 간장, 물을 3:3:4의 비율로 넣는다.

> **Point** 집 간장은 너무 짜니 양조간장을 사용한다.

2. 5분간 팔팔 끓인 다음 소스를 식힌다.

3. 미나리를 식힌 소스에 넣고 한 달간 숙성시킨다.

🍶 목감기에 좋은 **미나리 돌나물 가글**

1. 미나리와 돌나물을 1:1 비율로 절구에 넣고 찧는다.

2. 면포에 넣고 즙을 짠다.

3. 미나리 돌나물즙 1/2컵에 정종 2큰술을 넣고 끓여 가글로 사용한다.

> **Point** 미세먼지가 많은 요즘 목감기 예방에 좋고 몸의 염증도 가라앉는다.

맛도 좋고 건강에도 좋은 **미나리잼**

1. 잘게 썬 미나리를 넓은 냄비에 넣는다.

2. 미나리청을 미나리와 같은 양으로 넣고 졸인다.

3. 반 정도 졸고 건더기가 쫀득쫀득해졌을 때 찹쌀가루나 견과류를 넣어 농도를 조절하면 완성.

> **Point** 식빵에 미나리잼을 바르고 미나리를 잘게 썰어 얹어 먹는 미나리잼 샌드위치 는 각성 효과가 있어 아이들의 아침밥 대용으로 좋다.

아이들이 좋아하 는 단팥빵 같은 맛 이에요.

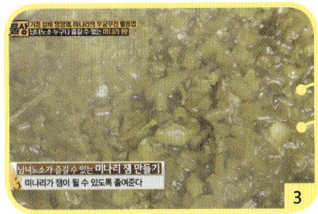  

미나리잼 샌드위치

가정 상비약 **미나리 배탕**

미나리는 적당히 자르고 배는 나박하게 썰어 1:1 비율로 넣고 끓이면 완성. 물을 넣지 않아도 미나리와 배 자체에서 나오는 수분 때문에 괜찮다. 미나리 배탕은 고기 먹고 체했을 때, 몸살이 오려고 할 때, 숙취가 있을 때 먹으면 좋다.

신비로운 효능의 **야생버섯**

나무에 상처가 나면 그 부분에 포자가 날아가 기생하면서 야생버섯이 자라게 된다. 버섯은 나무에는 암과 같은 존재로 나무의 영양분을 모두 빨아 먹으면서 버섯이 자라고 나무는 결국 말라 죽게 된다. 이 과정에서 자연스레 나무의 좋은 약성이 버섯에 그대로 흡수된다.

소화기계 암에 좋은 상황버섯

보통 상황버섯으로 알고 있지만, 이는 상표 이름이고 원래 이름은 목질진흙버섯이다. 숙주(기생 생물에게 영양을 공급하는 생물) 나무에 따라 뽕상황버섯, 분비상황버섯, 개복상황버섯, 황철상황버섯, 개해상황버섯, 적골목상황버섯 등 종류가 250여 가지나

된다. 상황버섯은 '버섯의 황제'로 꼽히는데 《봉황록》이라는 고서에 죽어가는 사람도 살리는 버섯이라고 나와 있다. 베타글루칸 함량이 굉장히 높아서 종양 저지율이 96.5%나 된다. 특히 소화기 계통의 암인 식도암, 위암, 직장암, 대장암에 효과가 매우 높다.

상황버섯 중에서 가장 비싼 것은 뽕나무에서 자란 뽕상황버섯이다. 작은 뽕상황버섯은 1kg당 200~250만 원, 큰 뽕상황버섯 1kg당 500만 원 정도로 고가의 버섯이다. 버섯의 아랫부분이 샛노란 색을 띠고 벌레 먹지 않고 단단한 갓을 지닌 것이 질 좋은 뽕상황버섯이다. 오래될수록 아랫부분이 검은빛을 띠며 진한 색으로 변한다.

 ## 상황버섯 달인 물 만들기

1. 상황버섯을 잘게 썰어 50g 정도 준비한다.
2. 상황버섯에 물 2ℓ를 넣고 끓인다.
3. 물이 졸아들면 물을 첨가하는 과정을 두 번 반복한다.

간 계통 질환에 좋은 운지버섯

운지버섯은 항암과 간 계통 질환에 탁월한 효과를 지닌다. 운지버섯의 크레스틴 성분은 식도암과 유방암에 좋고 항균과 항바이러스, 항응고 효과를 지닌다. 참나무에서 나는 운지버섯을 가을에 채취하는 것이 가장 좋다. 건조된 운지버섯은 1kg당 5~10만 원 정도이다.

상황버섯 달인 물을 처음 복용하면 어지러움, 설사, 구토 등의 명현현상이 나타날 수 있지만, 일시적인 현상이니 안심해도 된다. 하루에 2~3번 정도 조금씩 먹다가 별문제가 없으면 양을 늘리면 된다.

달이고 남은 상황버섯은 말린 다음 다시 물에 끓여 달인다. 다섯 번까지 끓여 마실 수 있는데 끓일수록 성분은 점점 줄어든다. 상황버섯은 목질부가 단단하기 때문에 한 번 끓여서는 유효 성분을 모두 섭취할 수 없다. 여러 번 끓여서 복용해야 유효 성분들을 끝까지 섭취할 수 있다. 재탕할 때는 대추를 넣고 끓여서 보리차처럼 냉장고에 넣어 두고 마셔도 좋다.

위암에 특효약 차가버섯

차가버섯은 자작나무에 자생하는 버섯으로 상황버섯과 마찬가지로 소화기 계통 암에 좋다. 특히 위암에 대한 종양 억제율이 높다. 상황버섯보다 많은 폴리페놀 화합물을 함유한다는 논문 결과가 있다. 항산화작용은 상황버섯과 비슷하다. 차가버섯은 60℃ 이상의 열을 가하면 약성이 파괴되기 때문에 끓여서 마시지 않는다.

🍶 차가버섯 물 만들기

1. 60℃ 정도의 물에 차가버섯가루를 탄다.
2. 48시간 동안 천천히 우려서 냉장고에 넣고 먹는다. 3일 안에 다 먹을 것.

차가버섯 물은 다른 버섯 물에 비해 씁쓰름한 맛이 더 강하네요.

당뇨에 좋은 자작말굽버섯

당뇨 치료에 좋은 버섯이다. 게르마늄이 많이 들어 있어서 몸에 산소를 공급해준다. 유기 게르마늄 함량이 1,024~1,462ppm으로 상황버섯, 영지버섯, 인삼보다 높다(인삼의 7배).

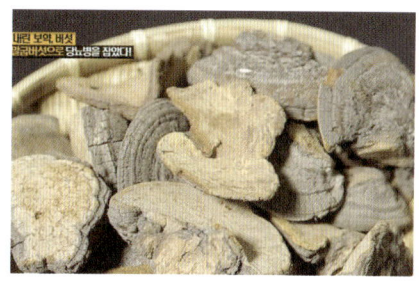

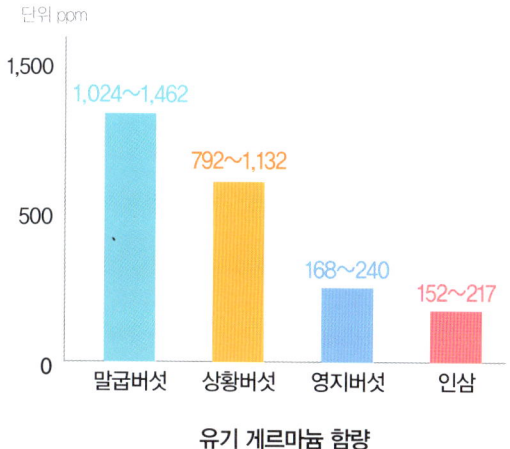

단위 ppm

1,500

1,024~1,462

792~1,132

500

168~240

152~217

0

말굽버섯 · 상황버섯 · 영지버섯 · 인삼

유기 게르마늄 함량

놀라운 효능의 **재배버섯**

보통 많이 먹는 양송이버섯, 팽이버섯, 새송이버섯 말고도 우리나라에서 재배되는 버섯의 종류는 정말 다양하다. 그중에서 아직 잘 알려지지 않은 은이버섯, 해송이버섯, 송고버섯을 소개한다.

골다공증과 다이어트에 좋은 은이버섯

은이버섯은 중국의 4대 진미 중 하나. 목이버섯과 비슷한 젤라틴 성분으로, 흰색인 은이버섯의 약용 효과가 훨씬 더 뛰어나다. 80~90%가 콜라겐으로 이뤄져 있어 골다공증 예방과 연골 재생에 최고이며, 식이섬유가 풍부해 다이어트에도 좋다. 따라서 여성에게 특히 좋은 버섯으로 알려졌다.

단위 IU/100g

비타민 D 함량 비교 그래프

서태후가 매일 먹은 **은이버섯죽** 만들기

화장수를 만들고 남은 은이버섯이 풀어지면 불린 찹쌀과 다진 채소(양파, 당근, 파 등)를 넣고 끓이면 된다.

샥스핀의 식감과 비슷해요. 특별한 맛은 안 나지만 식감이 되고예요.

초간단 **은이버섯 화장수** 만들기

1. 말린 은이버섯을 찬물에 불린다. 15분 정도 지나면 은이버섯이 말리기 전의 상태로 되돌아온다.

2. 물에 불린 은이버섯을 물(은이버섯 한 송이에 물 3ℓ 정도)에 넣고 끓인다. 중간 불에서

1시간~1시간 30분 정도 끓이면 젤라틴 성분이 나오기 시작한다. 이때 레몬 1/2개를 슬라이스해서 넣으면 보존과 미용 효과에 좋다.

3. 은이버섯 끓인 물을 체에 걸러 통에 담아 냉장고에 넣어두면 20일 정도 사용할 수 있다.

화장수로 사용하고 남은 은이버섯 물은 음료수로 마시면 된다. 은이버섯 물을 좀 더 진하게 끓여서 마스크팩 거즈를 담갔다가 얼굴에 올려도 좋다.

1시간 30분 정도
끓인 은이버섯

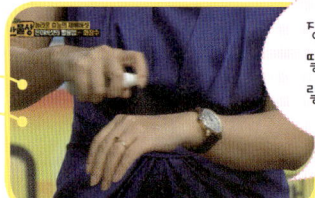

정말 톡톡해요. 어떻게 버섯 물이 이렇게 톡톡하죠?

피부 미백 효과가 뛰어난 해송이버섯

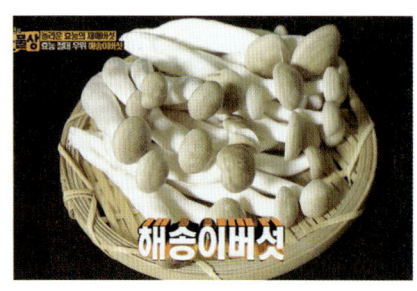

해송이버섯은 전국 단일 품종으로 강원도 영동지방 해안지대에서만 재배되고 있으며 버섯의 좋은 효능을 골고루 갖고 있다. 베타클루칸 성분 비율이 20%가 넘고, 비타민

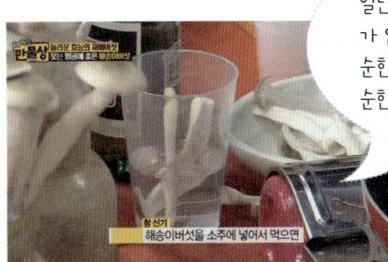

일단 냄새가 소두 냄새가 안 나고 물 같아요. 순한 소두보다 훨씬 더 순한 맛이 나네요?

해송이버섯을 소주에 넣어서 먹는다.

B3, B5, B6 함유량이 느타리버섯의 약 100배나 된다. 몸속 나트륨을 배출시켜 주는 칼륨 함량도 다른 버섯보다 월등히 많다. 또 피부에 좋은 니아신 성분을 느타리버섯의 10배 정도 많이 함유하고 있다. 니아신은 정부에서 피부 미백 기능성 고시를 받은 성분으로 멜라닌세포가 진피층에서 나오는 것을 막아 주는 효과가 있고 피부 주름에도 좋다는 연구 결과가 있다.

해송이버섯은 고기와 구워도 모양이 변하지 않고 식감이 살아있다. 해송이버섯을 삼겹살과 같이 구워 먹으면 버섯의 탱탱한 식감을 맛볼 수 있다. 또 향이 정말 강해서 소주에 넣으면 버섯 향이 우러나면서 소주가 순해진다.

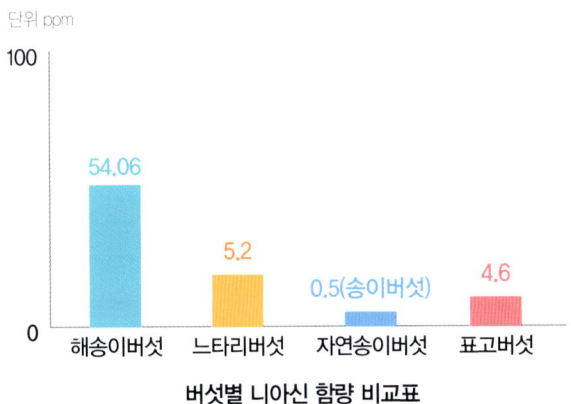

버섯별 니아신 함량 비교표

피부 주름에 좋은 **해송이버섯 팩**

해송이버섯 분말에 달걀노른자를 넣은 다음 물과 함께 반죽하면 완성.

맛의 최고봉 송고버섯

송이버섯 향과 고기 맛이 나는 고급 버섯. 표고버섯의 최고등급인 백화고를 개량해서 만든 버섯으로 2011년에 처음 재배되어 아직 많이 알려지지 않았다. 송고버섯의 가장 큰 특징은 버섯대를 찢으면 닭가슴살과 흡사하다는 것. 보통 표고버섯의 대는 질겨서 먹지 못하는 경우가 많지만 송고버섯은 이 부분이 가장 맛있다. 일반 버섯은 빛과 바람을 차단하고 습도가 85~90%인 환

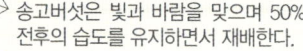
송고버섯은 빛과 바람을 맞으며 50%
전후의 습도를 유지하면서 재배한다.

경에서 재배되지만 송고버섯은 빛과 바람을 맞으면서 습도가 50% 전후인 환경에서 재배된다. 따라서 일반 버섯보다 건조하고 조직이 단단하다. 또한 송고버섯은 향이 강해 먹고 나면 2~6시간 동안 향이 입안에 남는다.

가장 간단한 **송고버섯 요리**

부추 위에 송고버섯을 올리고 전자레인지에 1분 30초만 돌리면 완성.

버섯을 먹는데 해녀가 갑자기 올린 소라 맛이 나요. 양념 없이 본래의 맛과 향만으로도 정말 맛있어요.

거실에서 키우는 **버섯**

집에서 버섯을 키우면 무엇보다 따로 돈이 들지 않으며 가장 신선하고 영양분이 최고조일 때 버섯을 먹을 수 있어 좋다. 버섯을 키울 때 중요한 세 가지는 온도, 습도, 환기이다. 노루궁뎅이버섯과 느타리버섯은 15~20℃, 녹각영지버섯과 노랑 느타리버섯은 25℃ 정도로 온도를 맞춰줘야 한다. 그리고 집안이 생각보다 건조하기 때문에 가습기를 틀어 습도를 유지하고 수분이 마르지 않도록 수시로 물을 뿌려줘야 한다. 공기 중 이산화탄소의 농도가 높아지면 버섯의 색이 누렇게 변하면서 말라 죽기 때문에 하루에 1~2번 정도는 버섯을 재배하는 상자 뚜껑을 열어 5분 정도 환기시켜야 한다.

면역력을 높이는 녹각영지버섯

자연 상태에서는 1/1,000,000 정도의 확률로 자라는 돌연변이 버섯이지만 집에서는 종균을 이용해 쉽게 키울 수 있다. 딱딱해서 그냥 먹기보다는 물에 넣

고 끓여 먹는데 맛
이 정말 쓰다. 동그
란 형태의 편각영지보
다 뿔 모양의 녹각영지에 쓴맛을
내는 성분인 테르페노이드가 많아
서 쓴맛도 더 강하다. 녹각영지버섯은 면역 활성을 높이는 베타글루칸을 많
이 함유하고 있다. 또 항암 효과가 뛰어나고 대사증후군을 안정시킬 뿐만 아
니라 간 기능을 활성화시키고 시력을 개선시키는 효과가 있다. 녹각영지버섯
과 붉은 대추를 1:1로 넣고 끓이면 효능은 그대로 지키면서 쓴맛은 줄어 아이
들이 먹기에 좋다.

🌱 녹각영지버섯 키우기

종균은 만 원 정도에 구입할 수 있다. 물만 잘 주면 실패할 확률이 거의 없다.

1. 종균을 신문지로 싼다.
2. 신문지를 씌운 종균 위에 물을 충분히 뿌린다.
3. 7~10일 후 하얀 버섯 머리가 올라오기 시작한다. 생육 기간은 6개월.

치매 예방에 좋은 노루궁뎅이버섯

'머리가 좋아지는 버섯'이라고 불리는 노루궁뎅이버섯은 특히 치매 예방과 치

식감이 정말 부드러운 스펀지 같아요.

료에 탁월한 효능을 갖는다. 알츠하이머병의 특징은 뇌의 신경세포가 위축되는 것인데 이는 베타 아밀로이드라는 단백질 독성 때문이다. 노루궁뎅이버섯에 들어 있는 에리나신과 헤리세논 같은 생리활성 물질이 뇌의 신경세포를 재활성시키는 효과를 갖기 때문에 치매 예방과 치료에 효과적이다. 노루궁뎅이버섯은 막 자라기 시작할 때에는 털이 짧다가 점점 털이 길어진다. 털이 길어지고 포자가 날리기 직전에 가장 많은 영양 성분이 있어 이때 생으로 먹거나 살짝 데쳐서 기름장에 찍어 먹으면 좋다. 또 맛이 강하지 않아서 잡채나 샤브샤브 등 다양한 요리에 넣어 먹을 수 있다.

노루궁뎅이버섯 조청 만들기

1. 노루궁뎅이버섯을 수분이 다 빠져나갈 때까지 말린다.

2. 말린 노루궁뎅이버섯을 믹서에 넣고 갈아 분말로 만든다.

3. 조청에 노루궁뎅이버섯 분말을 넣고 섞는다.

Point 꿀차처럼 노루궁뎅이버섯 조청을 물에 타서 먹어도 좋다.

천연 당 성분은 두뇌를 활성화시키는 데 좋다고 해요. 수능엿 대신 노루궁뎅이버섯으로 조청을 만들어두면 좋겠네요.

쉽게 키울 수 있는 느타리버섯

느타리버섯은 자라는 기간이 짧다. 종균에 물만 잘 주면 3일 후에 자라기 시작해서 7일 정도면 먹을 수 있다. 느타리버섯을 다 따서 먹은 다음에 남은 배지를 잘 감싸 냉장고에 하루 넣어뒀다 꺼내 물을 주면 다시 자라기 시작한다. 한 배지에서 건강한 상태의 느타리버섯을 두 번까지 먹을 수 있다. 일반적으로 시판되는 느타리버섯은 갓이 작고 가늘다. 유통 과정에서 버섯에 흠집이 나지 않게 하기 위해서 일부러 일찍 따서 판매하기 때문이다. 그렇지만 집에서는 갓을 충분히 키워서 영양분이 최고조일 때 먹을 수 있다.

배지 덩어리 = 버섯이 먹는 밥

노랑 느타리버섯 맛있게 먹는 법

느타리버섯의 한 종류인 노랑 느타리버섯은 강한 향 때문에 호불호가 강하다. 카레에 넣거나 피자에 올려 먹고, 말려서 다양한 요리에 넣어 먹으면 좋다. 노랑 느타리버섯을 볶거나 삶으면 본래의 색이 없어지니 전자레인지에 살짝 익혀 조리 마지막 과정에 넣으면 색을 그대로 살릴 수 있다.

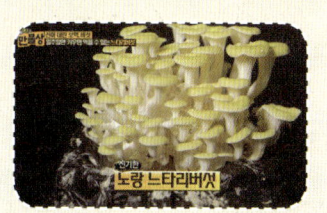

🍄 스티로폼 상자를 활용해 **버섯 키우기**

버섯을 집에서 키우면 정서적으로도 좋겠어요.

1. 스티로폼 상자에 종균 상태의 배지를 넣는다. 스티로폼 상자가 온도를 유지시키고 외부의 충격을 완화시켜 준다.

2. 스티로폼 상자의 모서리에 나무젓가락을 꽂아 세운다.

3. 나무젓가락 위에 신문지를 덮는다.

4. 신문지에 물을 뿌려 습도를 높여 준다. 물이 마르기 전에 계속 물을 뿌려 습도를 유지한다.

> **Point** 버섯은 식물이 아니므로 가까이 말고 멀리서 자주 물을 뿌려 준다. 물이 고이지 않도록 주의한다. 물을 자주 줄 수 없다면 버섯 옆에 가습기를 틀어 놓아도 좋다.

집을 비워야 할 때에는 자라고 있는 버섯을 검은 봉지에 잘 싸서 냉장고에 보관하면 버섯이 자라지 않게 잠깐 멈춰주는 효과가 있다.

유산균의 효능을 가진 홍차버섯

1970년대에 우리나라에 소개되면서 큰 화제를 일으킨 홍차버섯. 홍차버섯은 우리나라에서 붙인 이름이고 원래는 콤부차(Kombucha)다. 고 정주영 회장이 즐겨 먹어서 '정

젤리 같은 제형의 **홍차버섯**

주영 차'라고도 불렸다. 홍차버섯은 젤리 같은 체형의 균사체로, 홍차가 발효

되면서 버섯의 갓 모양을 형성하게 된다. 홍차버섯에는 고농축 프로바이오틱스균이 들어 있다. 프로바이오틱스균이란 인체에 유익한 작용을 하는 미생물을 통틀어 말하는 것이다. 요구르트에 많이 들어 있는 비피더스균이나 락토바실러스균이 여기에 속한다. 홍차버섯은 일반적인 유산균의 효능을 모두 갖는다. 면역 안정 효과, 알레르기와 천식 치료, 대사증후군 개선은 물론 혈중 콜레스테롤과 혈당, 혈압을 낮춰 준다. 또 대장 운동을 촉진시키고 변비와 다이어트에 좋다. 통풍을 완화시킨다는 보고도 있다.

콤부차 만들기

1. 2~8주 정도 배양한 홍차버섯 발효액을 체에 걸러 준비한다.
2. 이미 만들어진 홍차버섯 발효액을 만들고자 하는 새로운 홍차버섯 배양액 총량의 10% 정도 넣어 준다. 즉, 100ml를 만들려면 10ml의 만들어진 홍차버섯 발효액이 필요하다.

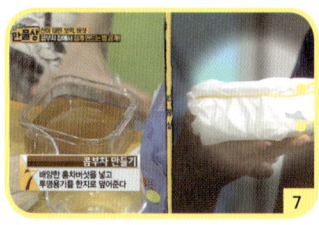

미국의 레이건 대통령도 암 억제를 위해 하루에 1ℓ씩 섭취했다고 해요.

3. 생수 또는 끓여서 식힌 물을 그릇 윗부분에서 1~2cm 정도만 남겨두고 붓는다.

4. 배양 용액+물 1ℓ를 기준으로 5g의 홍차 티백을 넣고 우린다.

5. 유기농 설탕(배양 용액의 10% 분량)을 넣고 잘 젓는다.

6. 홍차 티백은 20~30분간 우려낸 후 뺀다.

7. 배양한 홍차버섯을 넣고 한지로 덮는다. 실온에 2주 정도 두면 초막이 생기고 다시 2주 후면 막이 두꺼워진다. 이렇게 만든 콤부차는 차게 마시면 더 맛있으니 냉장 보관한다.

Tip
- 유산균을 소독하지 않은 곳에 두면 다른 잡균과 섞여 오염된다. 또 산성인 유산균은 금속과 반응하면 손상되기 때문에 반드시 쇠 이외의 재질로 된 도구를 사용해야 한다.
- 배양을 오래 할수록 신맛이 증가하고 2주 정도만 배양하면 많이 시지 않다.

변비와 고혈압에 좋은 티벳버섯

티베트 지역의 스님들이 즐겨 먹어서 티벳버섯이라 불리고 원래 이름은 캐피어 그레인(Kefir Grain)이다. 티벳버섯은 하얗고 부드러운 유산균 균사체로, 유산균임에도 버섯의 형태를 띠고 있다. 티벳버섯에는 홍차버섯과 마찬

체에 넣고 나무 숟가락으로 살살 저어주면 몽글몽글한 알갱이 모양의 티벳버섯을 확인할 수 있다.

가지로 고농축 프로바이오틱스균(인체에 유익한 작용을 하는 미생물을 통틀어 말하는 것)이 들어 있다. 티벳버섯은 특히 변비와 고혈압에 좋다. 또한 항암 효과에 대한 동물 실험에서 티벳버섯의 종균까지 먹였더니 실제 암세포가 줄어들었다는 결과도 보고되었다. 티벳버섯은 이를 키우는 사람에게 분양받아 키울 수 있다. 증식이 빨라 2작은술만 받으면 2주 후에 3배 정도, 한 달 후에는 4~5배로 키울 수 있다.

🍶 티벳버섯 발효유 만들기

티벳버섯은 평생 재활용해서 발효유를 만들 수 있다.

1. 체에 거른 티벳버섯을 흐르는 물에 깨끗이 씻는다.

2. 뜨거운 물로 소독해서 식힌 용기에 티벳버섯을 담는다.

3. 티벳버섯 2작은술에 우유 200ml를 붓는다.

4. 용기에 한지를 씌워 반드시 20~30℃의 실온에 놓는다(냉장 보관 절대 금물).

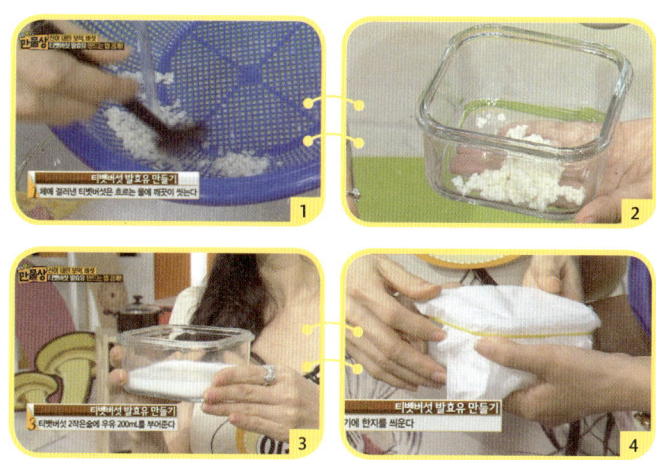

유산균을 소독하지 않은 곳에 두면 다른 잡균과 섞여 오염된다. 또 산성인 유산균은 금속과 반응하면 손상되기 때문에 반드시 쇠 이외의 재질로 된 도구를 사용해야 한다. 티벳버섯에 우유를 부어 실온에서 24시간 발효시켜서 걸러낸 다음 3

시간 정도 냉장 보관해서 먹는다. 차가우면 더 쫀득해져서 걸쭉한 상태의 발효유를 섭취할 수 있다.

티벳버섯의 종균에는 유당이 분해된 형태인 글루코오스나 갈락토오스 같은 탄수화물이 50% 들어 있고 유당을 분해하는 젖산과 효모가 들어 있기 때문에 우유를 못 먹는 사람도 먹을 수 있다. 또 우유를 먹으면 설사하는 유당불내증이 있는 사람도 티벳버섯 발효유는 먹어도 설사하지 않는다.

티벳버섯 발효유의 프로바이오틱스균 분석 실험

프로바이오틱스란 인체에 유익한 작용을 하는 미생물을 통틀어 말한다.

1. 티벳버섯 발효유를 채취한다.
2. 다양한 세균이 자랄 수 있는 3개의 배지에 24시간 동안 배양한다.
3. 다양한 분석 과정을 통해 유전자의 염기서열을 분석한다.

실험 결과
티벳버섯 발효유에서 프로바이오틱스균 중 하나인 락토바실러스균이 검출되었다(1ml 당 5만 마리 정도).

영양덩어리 보약, 맷돌호박

호박은 크게 동양계, 서양계, 페포계로 나뉜다. 서양계 호박에는 단호박과 주키니호박(돼지호박) 등이 있고, 관상용을 총칭하는 페포계 호박은 과실이 작고 모양이 독특하면서

다양한 무늬와 색을 띤다. 그리고 동양계에 속하는 대표적인 호박이 맷돌호박(늙은호박)이다. 맷돌호박은 호박 속의 색이 당근처럼 진황색을 띠며 과육이 두껍고 맛이 달짝지근하다. 맷돌호박은 과육은 물론 껍질, 씨, 줄기, 꽃 등 모든 부분에 영양이 풍부해서 버릴 것이 하나도 없는 영양덩어리 보약이다. 호박의 효능과 효과는 다음과 같다.

- 호박의 첫 번째 효능은 보중익기(補中益氣). 비위를 보해서 기허증을 치료하고 중초의 기를 보하여 기를 이롭게 한다는 뜻이다.
- 비타민과 미네랄이 풍부해 위장이 약한 사람이나 고혈압인 사람이 먹으면 좋다.

↘ 독일에서는 호박꽃을 가루 내어 이뇨제로 사용

↘ 이탈리아에서는 호박꽃에 밀가루를 묻혀 튀겨 먹는다. 단 수술은 제거한다.

↘ 호박씨는 출산 후 부기 제거에 효과적이다.

- 산후 부기를 빼는 데 효과적이다.

- 염증과 진통을 가라앉히고 구충 작용도 한다.

- 화상에 호박즙을 바르면 효과 만점이다.

- 호박꽃에 함유된 쿠쿠르비타신은 쓴맛 성분으로 이뇨 작용이 뛰어나다.

- 호박 줄기에서 나오는 생리활성물질이 지방 형성을 막고 지방을 분해해 항비만 및 항고지혈증에 쓰일 의약품으로 개발 중이다.

- 호박씨는 전립선과 피부 미용에 좋다. 특히 출산 후 부기를 제거하고 모유를 잘 나오게 한다. 뼈를 튼튼하게 해주는 마그네슘과 망간, 면역력에 좋은 아연과 철분도 풍부하다. 방광의 압력을 낮추는 성분을 함유해 중년에 흔히 겪는 과민성 방광염에 좋다.

- 호박씨로 만드는 기름에는 비타민 A, B, C와 카로티노이드, 불포화지방이 많이 들어 있다. 모유에 10% 정도 들어 있는 리놀렌산이 호박씨 기름에는 65%나 들어 있어 성장기 아이들의 두뇌 발달에 도움을 준다.

임산부에게 좋은 호박손 물

호박손은 호박의 넝쿨이 뻗어 나가면서 꼬불꼬불한 모양으로 생기는 것으로 호박 넝

쿨을 지탱하고 바람에 맞서는 역할을 한다. 호박
손 달인 물은 임산부의 배 뭉침이나 조산 및 유산
예방에 탁월한 효과를 갖는다. 임산부가 태아 진
통 때문에 자궁 출혈이 있을 때 호박손을 달여 먹
으면 태아가 안정되고 출혈을 막아 준다.

호박손

1. 신선한 호박손을 따서 햇볕에 말린다.

2. 말린 호박손을 물에 끓여서 보리차처럼 마신다.

영양덩어리 호박꿀단지

호박꿀단지는 영양덩어리인 호박 속을 긁어내지 않고 씨까지 그대로 사용해 영양과
맛이 더 좋다.

1. 호박 안에 재료를 넣기 위해 주먹 크기의 구멍을 낸다.

2. 호박 안에 대추와 약간의 꿀을 넣고 처음에 파낸 뚜껑을 닫는다. 호박의 92%가 수
   분이라 물을 따로 넣을 필요가 없다.

3. 찜통에 넣고 1시간 이상 푹 삶는다.

4. 삼베주머니에 푹 삶은 호박꿀단지를 넣고 짜면 진한 호박즙이 나
   온다.

꿀의 단맛이 아니라 자연 그대로의 단맛이 나면서 정말 부드럽네요.

🥄 호박잼 만들기

1. 맷돌호박을 반 토막 낸 다음 골진 부분대로 썬다.

2. 씨를 포함해 호박의 내용물을 걷어 낸다.

3. 호박의 껍질을 채칼로 깎는다.

4. 호박의 과육을 1시간 동안 삶아 으깬다. 호박을 으깰 때 맛을 높이기 위해 사과를 갈아 넣으면 좋다.

5. 으깬 호박을 병에 담고 거꾸로 세워 놓는다. 거꾸로 세워 놓으면 병이 밀봉되면서 잼이 잘 굳는다.

단단한 맷돌호박 쉽게 자르는 방법

1. 맷돌호박 겉의 골진 부분에 칼집을 낸 다음 골진 부분의 선을 따라 수직으로 썰어 반 토막 낸다.
2. 반 토막 낸 호박을 골진 부분의 결을 따라 수직으로 썬다.

🍴 밥도둑 호박게국지

1. 능쟁이게로 젓국을 담는다.

2. 배추, 무, 호박을 썰어 넣고 능쟁이게젓을 넣어 호박김치를 만든다.

3. 호박김치를 한 달 정도 익혔다가 쌀뜨물에 넣고 찌면 완성.

능쟁이게와 같이 먹으면 게껍데기가 아삭아삭 부서지면서 더 맛있어요.

🍴 호박약단지 만들기

산후 몸이 허약해졌을 때나 산후풍 치료에 좋다.
또 모유가 잘 나오지 않을 때 먹어도 좋다.
맷돌호박에 구멍을 낸 다음 찹쌀, 마늘, 팥, 콩을
넣고 푹 찌면 완성.

부기 제거에 좋은 호박껍질차

호박껍질을 벗겨서 잘 말린 다음 프라이팬에 덖어서 끓는 물에
넣고 끓인다. 호박껍질차는 부기 제거와 이뇨 작용에 좋다.

맛있는 호박 고르기 & 호박 세척과 보관법

- 맷돌호박 표면에 하얀 가루가 많을수록 당분이 높은 맛있는 호박이다.

- 맷돌호박은 골 사이사이를 칫솔이나 솔로 닦는다. 병충해가 없어서 농약을 치지 않고 재배하기 때문에 표면의 먼지만 잘 닦는다.

- 거실이나 베란다에 신문지를 깔고 호박 두 개를 포개어 2단으로 쌓아 보관한다. 3단 이상으로 쌓으면 무게 때문에 빨리 썩는다. 또 호박을 여러 번 이동시키면 거미줄처럼 얽혀있는 호박 속의 조직이 흔들려 안에서부터 썩는다.

위대한 블랙푸드, 흑임자

흑임자는 동의보감에 기록된 107
가지 곡류 중 가장 먼저 소개될
정도로 곡류 중 으뜸으로 꼽힌다.
동의보감에는 '병에 걸려서 말할
기력조차 없는 경우에는 흑임자

를 처방에 넣어라.'는 구절이 있다. 또 밥에 넣어 먹는 여덟 가지 곡식―피, 기
장, 벼, 보리, 콩 등― 중에서 흑임자의 효능이 가장 좋아서 '거승(巨勝)'이라고
부른다는 기록도 있다. 참깨나 들깨는 몸을 보하는 작용은 없고 혈액순환을
촉진하는 등의 작용만 하지만 흑임자는 몸을 보하는 효과가 있다. 따라서 회
복식이나 건강식에는 여러 종류의 깨 중에서도 흑임자를 선택한다.

- 흑임자는 필수지방산과 아미노산이 풍부해 몸을 보하는 효과가 있다.
- 흑임자에 함유된 토코페롤과 안토시아닌 색소는 피부 미용과 노화 예방에 좋다.
- 흑임자의 케라틴 성분은 두피를 건강하게 해서 탈모 방지에 좋다. 옛 문헌에서는 흑임

자를 1년 먹으면 피부가 좋아지고 2년을 먹으면 흰 머리가 검게 변하고 3년을 먹으면 치아가 튼튼해진다는 내용을 찾아볼 수 있다.

태우지 않고 흑임자 볶는 방법을 소개한다.

- 흑임자를 씻은 다음 물기가 완전히 마르기 전에 볶을 것! 완전히 말려서 볶으면 겉은 타고 속은 익지 않을 수 있다. 물기가 남아 있어 꾸덕꾸덕한 상태에서 볶아야 한다.
- 무쇠 프라이팬을 이용할 것! 물기가 있는 깨를 볶으려면 시간이 오래 걸리는데 무쇠 프라이팬에 볶으면 빠르게 볶을 수 있다. 전자레인지나 오븐에서 먼저 수분을 날린 다음 볶으면 시간을 절약할 수 있다.
- 흑임자를 씻은 날 바로 볶을 것! 나중에 볶는다고 축축한 흑임자를 그대로 냉장고에 보관하면 곰팡이가 생긴다.

Tip'
흑임자 보관법
흑임자에는 오메가3 불포화지방산이 함유되어 있어 산패되기 쉬우니 반드시 냉장 보관해야 한다. 장기간 두고 먹으려면 냉동실에 보관한다.

입안 가득 고소한 **흑임자밥**

흑임자밥은 쌀 4컵에 볶은 흑임자 3큰술의 비율로 짓는다. 쌀과 흑임자를 같이 씻으면 입자가 작은 흑임자가 물에 떠내려갈 수 있으니 따로 씻는다. 흑임자는 여러 번 씹지 않으면 소화가 잘 되지 않으니 꼭꼭 씹어 먹도록 한다.

🍴 5분 만에 만드는 흑임자강정

1. 움푹 패인 팬에 불을 켜지 않은 상태에서 올리브오일을 2큰술 넣고 골고루 바른다.

2. 강정을 만들 사각틀(턱이 있는 네모 접시나 쟁반)에도 올리브오일을 1큰술 넣고 구석구석 바른다.

3. 팬에 흑임자 150g과 황설탕 3큰술을 넣고 다시 물엿 2큰술과 물 1/2큰술을 넣는다.

4. 불을 켜고 센 불에서 2분간 졸여 시럽 형태로 만든다.

5. 불을 줄이고 흑임자를 넣어 2분간 잘 섞는다.

6. 5를 틀에 쏟아 붓고 올리브오일을 바른 위생장갑을 끼고 꾹꾹 눌러서 잘 펴준다.

7. 틀을 뒤집어 바로 꺼내 굳기 전에 먹기 좋은 크기로 자른다.

결핵 치료와 예방에 좋은 **들깨마늘꿀절임**

기침 가래를 억제하고 폐 기관지의 기능을 회복
시켜주는 들깨. 여기에 마늘의 알리신 성분이
항균 작용을 하고 꿀이 기를 보하는 역할을 해
서 결핵을 예방하고 치료하는 데 좋다. 평소에
꾸준히 먹으면 면역력을 기르는 데 좋다. 식사
후 한술씩, 하루 3번 먹는다.

1. 들깨를 깨끗하게 씻어 물기를 빼고 잘 말린
   다음 가루로 낸다. 들깨는 볶지 않는다.

2. 껍질 깐 마늘을 깨끗하게 씻어 물기를 빼고
   절구에 빻거나 믹서에 간다.

3. 들깨가루와 간 마늘을 동량으로 넣고 꿀은 들깨가루의 두 배 분량을 넣어 잘 버무
   린 다음 유리병에 넣는다.

4. 유리병 뚜껑을 덮고 따뜻한 곳에서 20일간 두었다가 매운 기운이 없어지면 먹
   는다.

   Point 들기름에 들깨, 들깨마늘꿀절임을 넣고 끓여 먹으면 효과가 더욱 좋다.

 집에서 만드는 **들깻잎차**

깻잎의 독특한 향을 내는 방향성 성분이 구충, 항균 작용을 한다. 입안을 헹구면 입
냄새 제거는 물론 충치 예방에도 효과가 있다. 또 깻잎에 들어 있는 로즈마린산과 가
바(GABA) 성분이 뇌혈류 순환을 촉진하고 기억력 감퇴를 억제해준다. 로즈마린산과
루테올린 성분은 치아 미백 효과가 있다.

1. 깻잎 100g을 깨끗이 씻어 물기를 뺀다.

2. 물 500ml를 끓이다가 펄펄 끓기 시작하면 불을 끄고 깻잎을 넣어 5~10분간 우린다.

3. 깻잎이 우러난 물을 마신다.

Point 남은 깻잎은 장아찌로 만들어 먹어도 된다.

국민 산삼, 우엉

우엉은 영양가는 그리 높지 않지만, 약성이 강한 식재료다. 《동의보감》에 얼굴이 붓는 증상과 소갈(당뇨), 열증을 치료한다고 나와 있고 《본초강목》에는 몸이 허한 증상(허로)을 방지하고 오랫동안 먹으면 몸을 가볍게 한다고 기록되어 있다. 우엉을 먹으면 기운이 난다고 해서 방중술을 하는 사람들은 우엉을 대력(大力)이라고 불렀다. 산삼과 성분이 비슷하면서 가격이 저렴해 매일 반찬으로 먹기 좋은 뿌리채소의 왕이다.

- 필수 아미노산인 아르기닌 성분이 성장호르몬 분비를 촉진시켜 생리 불순이나 생리통을 해결해준다. 또한 폐경기에 생리를 다시 원활하게 만들어 주기도 한다.
- 껍질에 많이 함유된 폴리페놀 성분이 항균 작용을 하고 혈중 콜레스테롤을 낮춰 준다.
- 풍부한 식이섬유가 장을 자극해서 배변을 촉진시키고 다이어트에 좋다.

• 타닌 성분이 노폐물을 제거하고 모공을 수축시켜 여드름을 치료해준다.

• 사포닌 성분이 체지방을 제거하고 면역력을 강화시키며 혈압을 낮춰 준다. 항암 작용도 한다.

🥤 다이어트에 좋은 **우엉차**

바짝 말리지 않은 우엉을 우려내면 푸른 물이 나오니 반드시 바짝 말려서 사용한다.
아홉 번 덖은 우엉은 색이 엷어질 때까지 재탕해서 마실 수 있다.

1. 우엉을 껍질째 깨끗이 씻어 가로세로 1cm 크기로 깍둑썰기한다.
2. 깍둑썰기한 우엉을 3~4일 정도 채반에 올려 바짝 말린다.
3. 바짝 말린 우엉을 프라이팬에 넣고 처음에는 센 불에서 덖다가 약한 불로 줄여 덖는다.
   Point 겉이 타지 않도록 불 조절에 신경 쓴다.
4. 덖은 우엉을 체에 넣고 이물질과 탄 부분을 걸러 낸다.
5. 겉만 식히고 속은 식히지 않은 상태에서 다시 덖는다. 이 방법으로 9번 덖는다.
6. 뜨거운 물에 9번 덖은 우엉을 넣고 우린다.

🍴 우엉의 무한변신 **우엉잡채**

1. 황기를 달인 물에 당면을 담가 둔다.

2. 우엉과 표고버섯, 피망, 고추 등 채소를 깨끗이 씻어 채썬다.

3. 채썬 채소들과 황기물에 담가 놓은 당면을 볶는다.

> **Point** 당면은 삶지 않는다. 채소와 당면을 볶을 때 황기물을 조금씩 첨가하며 볶는다. 우엉에는 식이섬유가 많아서 물을 넣으면서 조리하면 흡수를 쉽게 한다.

당면을 삶지 않으니까 퍼지지 않고 식감이 꼬들꼬들하네요.

좋은 우엉 고르는 법

- 겉 표면이 갈라진 우엉은 속에 심이 있으므로 구입하지 않는다.
- 우엉의 굵기는 50원 동전보다 약간 굵은 것이 좋다. 굵은 것에는 심이 있거나 속이 비어 있을 수 있다.
- 껍질을 벗기지 않은 우엉을 구입한다. 껍질을 벗긴 우엉에는 약품 처리를 하기 때문이다.

기력 회복에 좋은 우엉죽

《본초강목》에 우엉가루, 쌀, 된장으로 만들어 파와 산초가루로 간을 한 우엉죽은 노인의 중풍 치료에 좋고, 꾸준히 먹으면 극효가 있다고 나와 있다.

1. 냄비에 찬밥과 우엉차를 1:4의 비율로 넣고 15분 정도 끓인다.

2. 밥알이 퍼지면 각종 채소를 잘게 썰어 넣고 10분 정도 끓인다.

3. 모든 재료가 익으면 우유 1/2컵에 우엉 미숫가루(우엉, 서리태, 밤을 갈아서 만든다)를 1큰술 넣고 끓인다.

4. 달걀 푼 것과 들기름, 통깨(또는 흑임자)를 넣어 마무리한다.

영양가 높고 먹기에 부드러워서 환자식이나 회복식으로 좋을 것 같아요.

우엉소금 만들기

자투리 우엉을 말려서 가루를 만든다. 볶은 천일염과 우엉가루를 믹서에 넣고 갈면 된다.

🍳 밥을 부르는 우엉지

1. 우엉 200g을 껍질째 씻어 어슷썰기한다.

2. 변색을 막기 위해 우엉을 물에 담갔다가 뺀 다음 찜기에 넣고 4분 정도 찐다.

3. 우엉 찐 물로 만든 찹쌀풀과 고춧가루 2큰술, 소금 1/2큰술, 조청 4큰술을 섞어 양
념장을 만든다.

4. 찐 우엉이 뜨거울 때 양념장을 넣고 버무린다.

> **Point** 찐 우엉을 깨소금 넣은 기름장에 찍어 먹어도 별미다.

> 쫄깃쫄깃하고
> 매콤해서 너무
> 맛있어요~

🍳 우엉의 약효를 높여 주는 들깨즙

1. 들깨와 물을 2:7 비율로 믹서에 넣고 간다.

2. 삼베주머니나 망에 **1**을 넣고 조물조물 주물러 들깨즙을 짜낸다.

> **Point** 시판되는 들깨가루를 물에 개어두었다가 사용해도 된다. 들깨가루를 표고버섯 우린 물에 개
> 면 금상첨화다.

🍴 보약이 부럽지 않은 우엉들깨탕

들깨(들기름)와 표고버섯은 우엉과 궁합이 가장 잘 맞다. 들깨와 표고버섯을 함께 먹으면 우엉에 부족한 단백질과 탄수화물 등을 보충할 수 있다. 그리고 우엉과 들깨를 같이 먹으면 혈액순환과 노폐물 제거에 매우 좋고 표고버섯은 면역력을 높여 준다.

1. 우엉은 깨끗이 씻어 껍질을 벗겨 3cm 길이로 썬 다음 0.2cm 정도의 두께로 나박하게 썬다.

2. 냄비에 들기름을 두르고 우엉 200g과 표고버섯 10장을 넣고 우엉이 투명해질 때까지 볶는다.

3. 2에 표고버섯 우린 물을 볶은 재료가 잠길 정도로 붓는다.

   Point 물을 한꺼번에 부으면 재료를 볶은 기름이 물 위로 떠서 느끼해진다.

4. 계속 볶아 물이 졸아들면 표고버섯 우린 물을 넉넉히 붓는다.

5. 국이 끓으면 다시마 한 장을 넣고 우엉이 완전히 무를 때까지 끓인다.

6. 다시마를 건져내고 들깨즙을 넣고 끓인다.

7. 다진 마늘, 파, 고추 등을 넣어 한소끔 끓인다.

우엉들깨탕 하나
면 다른 반찬이 필
요 없을 것 같아요.

🍴 고품격 요리 **우엉찹쌀구이**

우엉주에 우엉찹쌀구이를 안주로 곁들이면 최고의 궁합이다. 《본초강목》에 우엉으로 술을 담가 마시면 중풍을 두려워하지 않게 되고 종기가 생기지 않고 근육통이나 손발 저림을 치료하는 데 좋다고 나와 있다.

1. 깨끗이 씻어 껍질을 벗긴 우엉을 5cm 길이로 썰어 10분간 찐다.

2. 찐 우엉을 얇게 돌려깍기한다.

3. 우엉을 방망이로 두드려 잘 펴준다.

4. 프라이팬에 유채유와 들기름 섞은 것을 넉넉히 두른다.

   Point 유채유를 섞으면 발화점이 높아져 더욱 바삭하게 구울 수 있다.

5. 우엉에 찹쌀가루를 묻혀 팬에 올려 지진다.

   Point 우엉에 간을 하지 않는 대신 찹쌀에 소금을 0.01% 첨가해서 가구로 빻는다.

누가 우엉이래
이것은 고기여!

맛은 고소한 인절미 같고 씹는 맛은 쫄깃한 민어 부레 같아요.

먹음직스러운 우엉 돼지고기찜

우엉의 이눌린 성분이 돼지고기의 잡내를 잡아
준다. 또한 우엉에는 식이섬유가 많아서 다른
채소를 곁들이지 않아도 된다.

1. 핏물을 뺀 돼지고기 사태살을 준비한다.

2. 돼지고기에 말린 홍고추, 다진 마늘, 들기름을 넣고 볶는다.

3. 살짝 데친 우엉을 넣고 함께 볶는다.

4. 우엉이 어느 정도 투명해지면 물을 붓는다.

5. 물이 어느 정도 졸아들 때까지 끓인 다음 간장으로 간을 한다.

우엉으로 예뻐지는 법

우엉팩 만들기

1. 우엉을 껍질째 강판에 간다.
2. 갈아낸 우엉을 피부에 올려 팩을 한다.
   Tip 식초를 약간 희석해 넣으면 미백에 좋다.

아이 목욕하기

우엉 달인 물(우엉껍질째 넣고 우린다)로 세안이나 목욕을 해도
좋다. 특히 피부가 민감한 아이는 화학 세안제보다는 우엉 달인
물로 씻기는 것이 좋다.

우엉가루로 탈모 예방하기

1. 우엉을 태워서 가루로 만든다.
2. 1에 들기름을 넣어 섞은 다음 탈모 부위에 바른다.
3. 30분~1시간 후에 머리를 감는다. 두건으로 머리를 감싸고 있
   다가 우엉 물에 감으면 효과가 배가 된다.

천연 보약, 순무

보랏빛 팽이처럼 생긴 순무는 강화도와 김포 일부 지역에서만 재배되는 토종 작물이다. 순무 중에서도 강화도 순무가 특히 유명한데, 청정 지역인 강화의 좋은 토

양과 깨끗한 물, 풍부한 햇빛, 사방에서 불어오는 해풍 덕분이다. 강화도에서는 봄과 가을, 두 번 순무를 재배한다. 이 중에서 더 단단하고 겨울을 나기 위한 영양분이 집약된 가을 순무를 으뜸으로 친다.

순무는 삼국시대에 중국에서 전래되어 재배되어 온 것으로 알려져 있다. 고려시대 한의서 《향약구급방》에 만청 또는 무청으로 기록되어 있고, 《동의보

순무 vs 일반 무의 영양 성분 비교

	에너지(Kcal)	수분(g)	단백질(g)	탄수화물(g)	비타민C(mg)	칼슘(mg)	칼륨(mg)
순무(100g)	33	90.3	1.4	7.6	17	50	350
일반 무(100g)	21	93.7	1	4.6	15	26	257

감》에도 '그 맛이 달고 오장에 이로우며 소화를 돕고 종기를 치료하고 눈과 귀를 밝게 하고 황달을 치료하며 갈증을 해소시켜준다.'고 기록되어 있다. 원래 토종 순무는 흰색이었지만 외국종과 개량되면서 보라색을 띠게 되었다.

보랏빛인 순무

- 순무의 보랏빛에 함유된 안토시아닌이라는 성분은 항산화 효과가 있어 노화를 늦춰 준다.
- 일반 무보다 순무에 더 풍부하게 함유된 카탈라아제라는 효소는 음식물을 소화한 다음 생기는 과산화수소 같은 독성 물질을 가수분해해서 소화 작용을 돕는다.
- 강력한 항암 작용을 하는 글루코시놀레이트라는 성분은 간암이나 방광암 예방에 좋다. 매콤한 맛을 내는 겨자유, 인돌 같은 유황화합물 성분도 항암 작용을 한다.

순무는 공기가 통하는 곳에 오래 두면 바람이 들기 때문에 봉지에 넣고 밀봉해서 온도가 −3~1°C 정도 되는 곳, 즉 김치냉장고에 넣어 두면 일 년 내내 싱싱하게 보관할 수 있다. 순무는 일반 무보다 저장성이 훨씬 좋고 추위에도 강해서 꽁꽁 언 순무를 상온에 두면 정상적인 순무로 되돌아온다. 《동의보감》에는 '순무를 땅에 묻어 놓으면 겨울이 지나도 얼어 죽지 않고 봄이 되면 싹이 새로 난다.'고 기록되어 있다.

내가 잡종이에요?

순무 vs 콜라비
콜라비는 양배추와 순무를 교배한 것으로 콜(양배추)+라비(순무)의 합성어이다. 원산지는 북유럽 해안지방이다.

🍴 최고의 순무 요리 **순무김치**

순무김치를 만들 때 빠뜨리면 안 되는 두 가지 재료는 양파와 물이다. 순무김치에 설탕을 많이 넣으면 순무가 물러지기 때문에 설탕 대신 양파를 갈아 넣어 단맛을 낸다. 양파의 적절한 양은 순무 10 : 양파 1의 비율이다. 그리고 순무에서는 수분이 나오지 않기 때문에 전체 김치양의 30% 정도 되는 물을 꼭 넣어 줘야 한다.

순무김치가 익으면서 순무에 함유된 겨자유, 인돌 같은 유황화합물의 50%가 국물로 빠져나온다. 따라서 순무김치를 먹을 때에는 국물까지 먹어야 좋다.

1. 깨끗이 다듬어 씻은 순무를 먹기 좋은 크기로 썰어 소금으로 밑간한다.

2. 고춧가루, 다진 마늘, 새우젓을 갈아 넣고 버무린다. 새우젓 대신 밴댕이젓을 넣어도 된다.

3. 순무와 양파의 비율이 10 : 1이 되도록 양파를 갈아 넣고 버무린다.

4. 전체 김치 양의 30% 정도 되는 생수를 붓고 숙성시킨다.

🍴 감기와 만성기침에 좋은 **순무꿀찜**

달지 않은 부드러운 맛!

1. 순무의 윗부분을 자른 다음 속을 파낸다.

2. 순무 안에 꿀 1큰술, 대추 3~4개, 마늘 3~4쪽을 넣는다.

3. 순무 뚜껑을 닫고 찜통에 넣어 2~3시간 정도 달인다.

4. 순무 속에 우러난 물을 떠먹는다.

🍴 영양 간식 순무말랭이 & 순무뻥튀기

1. 순무를 채썰어 말리면 순무말랭이가 된다. 건조기를 이용해 말려도 된다.

2. 잘 말린 순무말랭이를 뻥튀기 기계로 튀기면 순무뻥튀기가 된다. 프라이팬에 볶아도 된다. 순무뻥튀기는 간식용으로 그냥 먹거나 뜨거운 물에 우려서 차로 마셔도 좋다.

너무 달아요~

땅 속의 장어, 둥근마

마의 종류는 약 650여 가지나 될 정도로 정말 다양하다. 그중에서 쉽게 접할 수 있는 것이 길이가 긴 장마와 산마라고도 불리는 참마, 둥글게 생긴 둥근마 등이

있다. 마에는 뮤신이라는 끈적한 단백질 성분이 함유되어 있는데 마 중에서도 둥근마는 다른 마보다 2.7~3배가 많은 뮤신을 함유하고 있어 최고의 마로 꼽힌다. 또한 둥근마는 단백질, 탄수화물, 사포닌, 아미노산 등을 풍부하게 함유하고 있고 당분을 13.6%나 함유하고 있어 다른 마에 비해 단맛이 강하다. 우리나라에서 마 재배지로 유명한 곳 중 하나는 전북 정읍이다. 북방과 남방의 한계선에 위치해 둥근마가 자라기에 최적의 기후고, 황토밭이 많아 맛 좋은 둥근마를 재배할 수 있다.

- 뮤신 성분은 소화기관의 점막을 보호해주는 윤활제 역할을 하고 기력 회복과 피로 회복에 좋다.
- 뮤신 성분은 피부에 보습 작용을 해서 화장품의 성분으로 사용되기도 한다.
- 마의 아밀라아제는 소화 불량에 효과적이다.
- 몸속에서 유산균을 증식시키는 작용을 해서 대장암 예방에도 도움을 준다.

뮤신이 손에 닿으면 알레르기 반응을 일으켜 가려울 수도 있으니, 반드시 장갑을 끼고 손질한다. 만약 손이 가려울 경우에는 우엉 달인 물로 씻으면 진정시킬 수 있다.

둥근마는 직사광선을 피하고 바람이 잘 통하는 서늘한 곳(13~15°C)에서 보관해야 한다. 추위에 약해 냉장고에 보관하면 안 된다. 3월까지는 실내 보관이 가능하고 그 이후에는 싹이 날 수 있으니 밖에서 보관하는 것이 좋다. 기본적으로 오래 보관하기 어려우니 가급적 빨리 먹는 것이 좋다. 마를 칼로 자르면 쉽게 산화되어 색이 검게 변하기 때문에 바로 조리하는 것이 좋다. 마를 깍둑 썰어 냉동실에 보관하면 좀 더 오래 두고 활용할 수 있다.

마 vs 천마

천마(天麻)는 마(장마나 둥근마)와 비슷하게 생겼지만 아예 다른 품종으로 두통이나 어지럼증을 예방하는 데 효과적이다.

🥤 둥근마를 쉽고 맛있게 먹는 **둥근마주스**

1. 믹서에 마와 우유를 넣고 간다.

2. 꿀을 첨가해서 마신다.

Point 우유 대신 요구르트를 넣거나 취향에 따라 좋아
하는 과일을 넣어도 된다.

🥤 **마차(산약차)** 만들기

1. 마를 잘게 썰어 잘 말린 다음 프라이팬에 덖는다.

2. 보리차 끓이듯 덖은 마를 주전자에 넣고 끓인다.

돼지감자를 우려
낸 맛이에요~

🍳 마를 이용한 **달걀 요리**

삶은 달걀을 먹는 듯
한 식감과 맛이에요.

달걀찜이나 달걀말이에 생마를 갈아 넣으면 좀 더 부드러운 달
걀 요리를 맛볼 수 있다. 보통 달걀 요리에는 물을 넣어 비율을
맞추지만 마를 갈아 넣으면 물을 조금만 첨가하거나 넣지 않아
도 된다.

🥤 천연 마 변비약

마는 뮤신과 함께 '디아스타제'라는 소화 효소
와 식이섬유를 함유하고 있다. 특히 생마는 장
의 연동운동을 활발하게 해서 변비에 효과적이
다. 마 변비약은 몸이 건조해서 생기는 노인성
변비에 특히 좋다(생마와 생당귀를 같이 갈아 먹으
면 더욱 효과적이다).

1. 깨끗하게 씻은 생마(장마 또는 둥근마) 50g을 껍질째 강판에 간다.

2. 간 마에 들기름을 1큰술 넣고 마신다.

들기름의 고소함과
마의 담백함이 어우
러진 맛이에요~

들기름은 장내의 윤활 작용을 돕고 항균, 소독
작용도 해준다. 여기에 달걀을 넣으면 가벼운
식사 대용으로 먹을 수 있고, 위벽을 보호해주
어 숙취 예방에도 좋다.

🥄 천연 마 지사제

마가루에 성질이 따뜻한 계피가루를 넣고 꿀로
영양분을 보충한 천연 지사제. 지사제에는 생
마 대신 마가루를 사용해야 한다. 마를 말려서
가루를 내면 스펀지처럼 몸속의 수분을 잡아
주는 역할을 하기 때문이다. 어른은 3개씩, 아
이는 1개씩 꾸준히 먹으면 효과를 볼 수 있다.

1. 마가루(산약가루) 100g과 계피가루 20g, 꿀 약간을 섞어 반죽을 한다.

2. 조금씩 떼서 먹기 좋은 크기의 환으로 만들어 먹는다.

자연치유하는 연(蓮)

연은 수련과에 속하는 여러해 살이 물풀로 7~8월에 지름이 20cm 정도 되는 큰 꽃을 피운 다. 진흙탕에서도 아름답게 피 어나는 연꽃은 보통 고결함의 상징으로 여겨진다. 예부터 연꽃을 비롯해 연근, 연잎, 연자육(연꽃의 씨앗) 등 연의 모든 부분이 식재료와 약재로 쓰여 왔다. 그중에서도 연의 뿌리인 연근 은 우엉과 함께 우리나라 사람들이 가장 많이 먹는 대표적인 뿌리채소다.《동 의보감》에 연근을 생으로 갈아 만든 우즙을 먹었다는 기록이 나와 있다. 또 연근은 코피날 때 지혈을 해주고 가슴이 답답할 때 혈액순환을 촉진해 풀어 준다고 기록되어 있다.

• 끈적끈적한 성분인 뮤신은 단백질의 흡수를 촉진하고 위벽을 보호하며 장내 윤활제 역 할을 한다.

- 비타민 C와 비타민 B군이 풍부하다.

- 연근 속 칼륨이 고혈압을 예방하고 혈압이 정상으로 유지될 수 있도록 도와준다.

- 연근에 풍부한 저항성 전분은 소장에서 거의 흡수되지 않고 대장까지 내려가서 일종의
  식이섬유 역할을 한다. 따라서 대장암을 예방하고 다이어트에도 좋다.

🍴 건강해지는 **연근도시락**

1. 쌀을 씻어 불린다.
2. 연근껍질을 벗기고 5cm 정도의 길이로 썬다.
3. 손질한 연근의 구멍에 쌀, 율무, 콩, 팥 등의 오곡을 넣고 찜통에 넣어
   찐다.

   Point 반찬으로 명이나물, 멸치, 다시다를 곁들여 먹으면 좋다.

아삭아삭하고 곡물
맛이 그대로 살아 있
어 신선하네요.

🍴 아이들도 좋아하는 **연근 꿀 전과**

물에 삶은 연근과 꿀을 넣고 살짝 조린다.

어른아이 할 것 없
이 간식으로 먹기
에 좋겠어요.

연잎과 연꽃의 활용

《본초강목》에 연잎이 얼굴을 빛나게 하고 머리카락을 검게 한다고 기록돼 있다. 연잎 우린 물을 세안·목욕할 때 사용하거나 차로 마시면 콜라겐의 합성을 늘려주고 콜라겐을 분해하는 효소를 억제해 피부 노화를 방지할 수 있다. 한방에서는 불면증 치료나 항스트레스 효과를 위해 연잎을 사용한다.

연잎은 향이 은은한 것이 좋다. 8월 중순 부터 한 달간 향이 올라오는 시기로 이때 한꺼번에 구입해 놓으면 좋다. 연잎을 접어서 밀폐용기에 넣어 밀봉한 다음 냉동 보관하면 몇 개월간 먹을 수 있다. 생선을 연잎에 싸서 냉동실에 보관하면 비린내를 없앨 수 있다. 삼계탕 끓일 때나 밥을 할 때 뜯어서 넣으면 좋다.

연꽃에는 백련과 홍련이 있다. 보통 백련은 약재로, 홍련은 식재료로 사용하지만 차로 마실 때에는 백련과 홍련 모두 좋다. 연꽃의 타닌 성분이 떫은맛을 내는데 떫은맛이 강할수록 좋은 것이다. 차로 우려 내 마시거나 비교적 떫은맛이 적은 작은 연꽃잎에 회나 고기를 싸 먹는다.

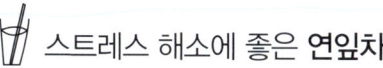 스트레스 해소에 좋은 **연잎차**

썰어서 말린 연잎을 덖어서 차로 우려내 마신다. 연잎차는 녹차보다 많은 카테킨을 함유해서 스트레스 해소에 효과적이다. 연잎차에는 혈관을 튼튼하게 하는 케르세틴과 루틴 성분이 많아 피멍이 잘 드는 사람이 마시면 피멍이 덜 들게 된다.

ADHD에 좋은 **연자육죽**

연자육(연꽃의 씨앗)가루로 만드는 연자육죽은 ADHD 진단을 받은 아이나 불안증이 있고 화병이 있는 사람, 불면증이 있고 위가 안 좋은 사람, 갑상선 환자가 먹으면 좋다.

1. 연자육을 청주에 3일간 담가 놓는다.

> **Point** 청주에 담가 놓으면 안정제 역할을 하는 약재가 몸에 빨리 흡수되어 순환 작용에 도움을 준다.

2. 청주에 담가 놓은 연자육을 볶아 가루로 만든다.

3. 쌀에 연근을 다져 넣고 끓이다가 마지막에 연자육가루를 넣으면 완성.

Chapter

06

면역력 키우는
7대 제왕

면역·항암의 일인자, 꽃송이버섯

여름에서 가을까지 소나무, 잣나무 등 송진이 나오는 침엽수의 그루터기나 죽은 나무의 언저리에서 자생하는 송이버섯의 한 종류로 꽃처럼 생겨서 꽃송이버섯이라고 불린다. 얼마 전부터는 재배가 가능해졌는데 말린 꽃송이버섯이 1kg에 100만 원이나 할 정도로 귀하고 비싸다.

버섯은 항암 효과에 대한 지표 물질인 베타글루칸을 함유하고 있어 대표적인 항암 식품으로 꼽힌다. 보통 송이버섯은 100g당 11.6g의 베타글루칸을 함유

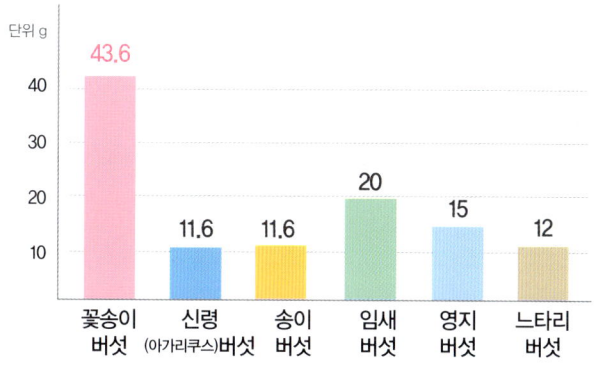

버섯별 베타글루칸 함유량(100g 당)

출처 : 일본식품센터

화려한 모양의 꽃송이버섯은
식감과 맛이 독특하다.

차로 우리고 남은 꽃송이버섯을 넣은
된장찌개

하는데 꽃송이버섯은 100g당 43.6g이나 되는 베타글루칸을 함유한다. 베타
글루칸은 면역세포에 직접 영향을 끼쳐서 세포를 활성화시키는 성분으로, 세
포질 안에 들어 있기 때문에 그냥 요리하면 전혀 우러나지 않는다. 따라서 버
섯을 가능한 한 잘게 부숴 가루로 만들어 차로 마시거나 요리에 넣어야 한다.
베타글루칸을 섭취하는 가장 좋은 방법은 버섯을 발효시켜서 먹는 것이다.
말린 꽃송이버섯은 차로 우려내 마시고, 차를 우리고 남은 꽃송이버섯은 된
장찌개나 잡채 등에 일반 버섯처럼 넣어 요리한다.

🍶 면역력의 제왕 발효현미버섯

1. 볼에 미강과 꽃송이버섯가루를 넣고 우유를 붓고 섞는다. 세게 누르지 말고 살살
   버무리며 섞는다.
2. 잘 섞은 가루를 찜기(시루)에 넣고 1시간 정도 찐다. 발효 전 잡균을 없애기 위해 꼭
   쪄야 한다.
3. 찐 가루를 찜기에서 꺼내 유산균 발효유와 생수를 넣고 버무린다.

4. 버무린 반죽을 김치통에 넣고 이틀 동안 40℃에서 발효시킨다.

> **Point** 전기장판을 깔고 온도를 맞춘다. 48시간이 지나면 표면에 하얀 효모가 생기는데 이를 싹 걷어서 무좀 등의 피부 질환 치료에 활용하면 좋다.

5. 덩어리를 적당히 떼어 종이 위에 널어놓고 단단해질 때까지 선풍기로 말린다.

> **Point** 바싹 말린 덩어리를 절구에 빻아 체에 치면 입자가 고운 발효현미버섯가루를 만들 수 있다.

발효가 되니까 새콤하면서도 구수하네요.

현미김치(34쪽) 와 비슷한 느낌 이나네요.

면역 증강 작용을 하는 베타글루칸은 점성이 강해서 식후에 먹으면 식이섬유에 달라붙어서 몸 밖으로 그냥 빠져나온다. 따라서 발효현미버섯은 꼭 공복에 먹어야 한다. 식전에 발효현미버섯 한 숟가락을 먹고 식사량을 조금 줄이면 다이어트 효과를 볼 수 있다. 삼겹살을 발효현미버섯에 찍어 먹으면 소화가 잘 되고 느끼하지 않아서 고기를 좋아하지 않는 사람이나 돼지고기를 먹으면 탈이 나는 사람에게 좋다.

면역력 성분 사포닌의 보고, 홍삼

홍삼은 이름 그대로 붉은 삼이라는 뜻으로 수삼을 수증기로 쪄서 말린 것이다. 수삼은 땅에서 캐내 말리지 않는 상태의 생삼을 말한다. 수삼을 씻어서 말린 것이 건삼, 수삼을 뜨거운 물에 잠시 담갔다가 건져서 말린 수출용 삼은 태극삼, 홍삼보다 오랜 시간 쪄서 말린 것이 흑삼이다. 인삼은 수삼, 건삼, 태극삼, 홍삼, 흑삼을 통틀어 부르는 말이다.

홍삼의 역사는 고려시대로 거슬러 올라간다. 1123년 고려 인종 때 송나라 사신이 개성을 방문하고 돌아가서 쓴 《고려도경》이라는 책에 '고려에는 인삼을 한 번 쪄서 숙삼을 만든다.'는 기록이 남아 있다. 홍삼이라는 단어가 처음 언

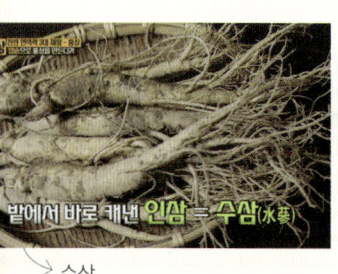

밭에서 바로 캐낸 **인삼 = 수삼**(水蔘)

↳ 수삼

수삼을 씻어서 말린 것 = **건삼**(乾蔘)

↳ 건삼

뜨거운 물에 잠시 담갔다가 건져서 말린 것 = **태극삼**

↳ 태극삼

홍삼

흑삼

급된 사료는 조선시대의 《정조실록》이다. 여기에 수삼은 쉽게 썩기 때문에 홍삼으로 만들어서 보관해야 한다는 기록이 있다. 옛날에는 물이 많아 쉽게 썩는 수삼을 효율적으로 보관하고 유통하기 위해 홍삼으로 제조했다. 현대에는 수삼을 찌고 말리는 과정에서 증가하는 사포닌을 섭취하기 위해 홍삼을 만들어 먹는다. 보통 아홉 번 쪄서 아홉 번 말리는 구증구포 과정을 거친 홍삼이나 육년근 삼이 좋다고 알려져 있는데 이런 비싼 삼을 가끔 먹는 것보다는 저렴하고 손쉽게 구할 수 있는 삼을 꾸준히 먹는 것이 더 효과적이다. 단, 홍삼을 먹고 두통이 생기거나 눈이 충혈되고 심장이 심하게 두근거리는 부작용을 겪으면 복용을 잠시 중단해야 한다.

홍삼에 많이 들어 있는 사포닌의 효능과 효과는 다음과 같다.

• 삼에서만 발견되는 사포닌을 진세노사이드(Ginsenoside)라고 한다.
• 사포닌은 혈관을 타고 다니면서 콜레스테롤을 제거하고 모세혈관을 확장시켜 혈액순환을 개선한다.
• 치매를 예방하고 저혈압과 고혈압을 정상화시킨다.
• 인슐린 생성을 촉진해 당뇨 치료에 효과적이다.

- 암세포의 증식과 전이를 억제하는 항암 효과가 있다.
- 면역력을 증가시키고 몸속의 독소를 빼준다.

밥솥으로 만드는 **홍삼**

1. 밥솥에 삼발이를 넣는다. 밥솥은 압력밥솥, 일반 밥솥 모두 가능하다.
2. 물을 삼발이에 닿지 않을 만큼 붓는다.
3. 삼발이 위에 깨끗하게 손질한 수삼을 올린다.
4. 뚜껑을 닫고 취사 버튼을 누른다.
5. 취사 상태에서 30분이면 수삼이 잘 쪄진다.
6. 찐 수삼을 말리면 붉은색으로 변하면서 홍삼이 된다.

찐 수삼을 말릴 때는 겨울에는 방에 신문지를 깔고 말리고, 습한 여름에는 곰팡이가 생기기 쉬우니 끓는 물의 열을 이용해 말린다. 완성된 홍삼은 비닐봉지에 넣어서 냉동 보관한 다음 필요한 양만큼 꺼내서 사용한다.

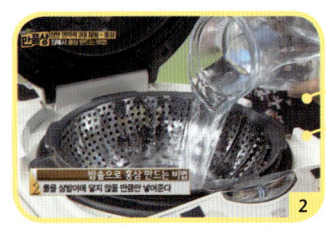  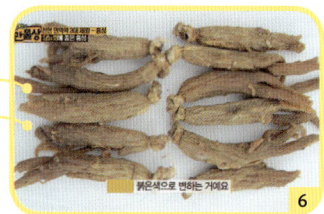

Tip'
습한 여름철 홍삼 말리기
1. 솥에 물을 넣고 쟁반을 올린다.
2. 쟁반 위에 찐 수삼을 올리고 물을 끓인다.
3. 끓는 물의 열을 이용해 찐 수삼을 말리면 홍삼 완성.

🍶 당뇨에 좋은 홍삼액

1. 밥솥에 찐 수삼을 1~2시간 바람을 쐰 삼베에 넣는다.

2. 수삼을 넣은 삼베를 밥솥에 넣는다.

3. 뚜껑을 닫고 30분간 취사한다.

4. 30분 후 밥솥을 보온 상태로 선택하고 이틀을 그냥 둔다.

5. 이틀 뒤 다시 취사 버튼을 눌러 한 번 끓인 다음 열탕 소독한 유리병에 담는다.

홍삼액은 살균해서 보관해야 오래 마실 수 있다. 한 번 끓인 다음 열탕 소독한 유리병에 보관하면 실온에서 1년이 지나도 상하지 않는다. 단, 한 번 개봉한 홍삼액은 냉장 보관하고 일주일 안에 다 마셔야 한다. 작은 병에 한 번 마실 분량만 담아 보관하면 편리하다. 밑에 가라앉는 하얀 침전물은 홍삼에서 나온 전분이니 흔들어서 마시면 된다.

여러 번 찌고 말린 홍삼 vs 한 번 찌고 말린 홍삼

여러 번 찌고 말릴수록 홍삼의 사포닌은 증가한다. 그렇지만 한 번만 쪄도 홍삼의 새로운 사포닌이 만들어지기 때문에 효과는 있다고 할 수 있다. 여러 번 쪄서 말린 비싼 홍삼을 가끔 먹는 것보다는 집에서 한 번 쪄서 말린 홍삼을 자주 먹는 것이 더 효과적이다.

인삼만큼 좋은 면역 식품, 더덕

두꺼비처럼 껍질이 더덕더덕 붙어 있어서 더덕이라는 이름이 붙었다. 삼의 효능을 지닌다고 해서 사삼, 또는 덕을 더한다는 의미의 가덕이라고 불리기도 한다. 더덕은 인삼과 모양이 비슷하면서 사포닌을 많이 함유하고 있어 면역력을 높이는 데 인삼만큼 좋은 음식이다. 그렇지만 더덕은 음을 보호하는 보음 작용을 하고 인삼은 기를 보호하는 보기 작용을 하기 때문에 열이 많은 사람은 더덕을 먹는 것이 좋다.

더덕은 겨울을 나기 위해 여름에 성장을 멈추고 쓰고 아린 맛을 내뱉기 때문

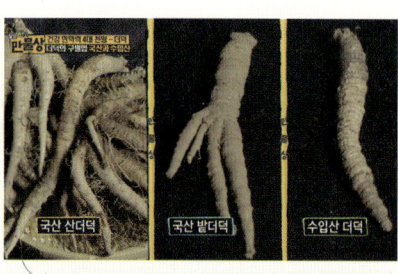

국산 산더덕, 국산 밭더덕, 수입산 더덕

에 보통 가을과 봄에 많은 당분을 함유한다. 더덕은 생으로 먹거나 달여서, 또는 말려서 차로 마신다. 더덕을 발효시키면 홍삼처럼 사포닌 함량을 늘릴 수 있다.

산더덕은 나이가 많을수록 좋지만, 식감은 손가락 굵기만 한 5~6년산이 가장 좋다. 재배하는 밭더덕은 울퉁불퉁하지 않고 길게 쭉 뻗은 모양이지만 바위틈이나 돌부리에서 자라는 산더덕은 굴곡이 있고 모양이나 크기가 일정하지 않다. 밭더덕 중에서도 국내산은 흙이 많이 묻어 있고 단단하지만 수입산은 흙이 거의 없고 말랑말랑하면서 자세히 보면 곰팡이가 피어 있다.

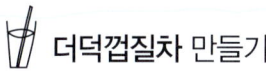

더덕껍질차 만들기

더덕껍질을 말려서 차로 우려내 마신다. 또는 더덕껍질을 냉동실에 모아 두었다가 삼계탕이나 갈비탕을 끓일 때 인삼 대신 넣으면 영양은 물론 향을 더할 수 있다.

더덕껍질타는 구수한 숭늉같아요.

더덕껍질

더덕과 산삼의 구별법

잔뿌리가 비교적 많은 것이 산삼, 잔뿌리가 없는 것이 더덕이다.

산삼의 생김새는 바로 이것!

산삼

더덕의 생김새 는 이것!

더덕

🍳 쉽게 **더덕 손질하기**

얼려서 손질하기

1. 더덕을 깨끗이 씻어 냉동실에 얼린다.

2. 얼린 더덕을 물에 담근다.

3. 더덕이 어느 정도 녹으면 비틀어서 껍질을 벗긴다.

데쳐서 손질하기

1. 깨끗이 씻은 더덕을 뜨거운 물에 데친다.

2. 데친 더덕의 껍질을 슬슬 벗기면 된다.

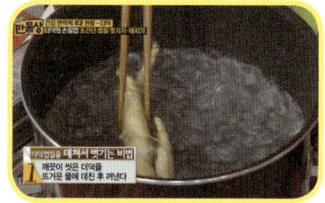

🍳 발효시켜 몸에 더 좋은 **홍삼더덕**

더덕을 발효시키면 사포닌이 3~4배, 대장 내 발효를 돕는 이눌린이 3배가량 증가한다.

1. 산더덕을 씻어 전기밥솥에 넣는다. 보온 기능을 지닌 밥솥은 모두 사용할 수 있다.

2. 발효제로 포도를 7~8알 정도 넣는다. 이때 포도껍질의 흰 가루는 씻어 내지 않는다.

3. 밥솥을 일주일 동안 보온 상태로 유지한다.

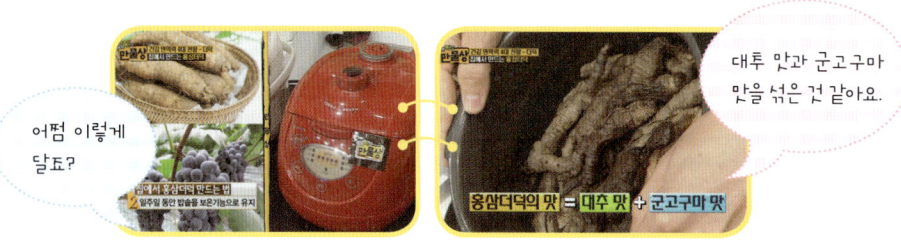

Tip

포도껍질에 들어 있는 지방족 화합물이 발효를 도와주는 효모의 서식처 역할을 해서 영양 분과 흡수율을 배가시킨다. 따라서 포도껍질에 붙어 있는 흰 가루(과분)를 씻어 내면 이런 효과를 전혀 볼 수 없다. 껍질에 얼룩덜룩하게 무늬를 만들면서 묻어 있는 농약과 달리 과 분은 균질하고 깨끗하게 묻어 있다.

더덕 다시마쌈 만들기

더덕을 −2~2℃의 냉장고에 일주일간 넣어 두면 겨울이 온 줄 알고 당분을 만들어낸 다. 더덕을 김치냉장고에 일주일간 숙성시키면 더덕의 쓰고 아린 맛이 제거된다. 더 덕에는 비타민 A, D, E, K가 없기 때문에 김이나 다시마에 싸 먹으면 비타민을 보충 할 수 있다.

1. 숙성시킨 더덕을 밑부분부터 떡국 떡을 썰듯 3mm 두께로 어슷썰기한다. 더덕을 손질할 때 머리 부분부터 자르면 더덕의 좋은 성분이 빠져나가기 때문에 반드시 뿌리부터 잘라야 한다. 더덕을 3mm 정도의 두께로 써는 것이 식감이 가장 좋다.

2. 어슷썰기한 더덕을 초고추장에 찍어서 김과 다시마에 싸먹는다.

> 더덕의 향이 살포시 나면서 육질 좋은 고기를 먹는 건 같아요.

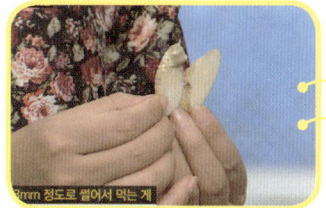
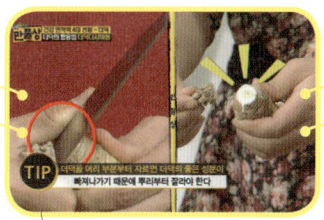

> 더덕은 머리부터 자르면 좋은 성분이 빠져나간다.

면역력을 높여 주는 보약, 황기

황기 [黃芪]
콩과에 속하는 다년생 초본식물

콩과에 속하는 다년생 초본식물로 단너삼이라고도 한다. 황기는 아스파라긴 같은 아미노산과 사포닌을 풍부하게 함유하고 있다. 황기가 주가 되는 대표적인 한약 처방은 보중익기탕으로 이는 비위와 관련된 질환과 기가 허한 증상 등에 폭넓게 활용되어온 처방이다. 황기를 군약(君藥)으로 사용해서 끓이는 가오갈황탕, 옥병풍산탕, 인황탕을 소개한다. 모두 기력이 없을 때 먹으면 면역력을 높일 수 있다.

🍶 식도암 · 궤양성 질환에 좋은 **가오갈황탕**

시베리아 인삼이라고 불리는 가시오갈피의 뿌리와 황기를 넣어 끓인 가오갈황탕은 위궤양과 식도암 등 궤양성 질환을 예방하는 데 좋다. 또한 항암 치료를 할 때 황기와 가시오갈피를 같이 쓰면 효과가 더 높아진다는 연구 결과가 있듯이, 항암 치료를 받는 환자가 마셔도 좋다.

탕에 들어가는 황기는 잘라서 파는 것이 좋다.

몸을 보하기 위해서 사용하는 황기는 덖어야 한다. 반면 식은땀이 날 때나 피부궤양에 새살이 돋게 할 때에는 덖지 말고 생으로 써야 한다. 황기를 덖어 꿀에 재우면 기운을 돋우는 힘이 더 강해진다.

1. 황기를 프라이팬에 넣고 노릇노릇해질 때까지 덖는다.

2. 뜨거운 물에 황기 100g과 가시오갈피 50g을 담가 두고 2시간 정도 우려낸다.

3. 중간 불로 40분간 끓인 다음 불을 끄고 30분간 다시 우려낸다.

> **Point** 처음 끓인 탕, 물을 보충해 끓인 재탕, 재탕에 다시 물을 보충해 끓인 삼탕을 모두 섞어 마시면 좋다.

타게 마셔도 맛있어요.

쓴맛은 거의 없어요. 달달하고 구수해서 아이들이 먹기에도 좋겠네요.

자한증과 도한증에 좋은 **옥병풍산탕**

옥으로 만든 병풍(옥병풍)처럼 인체에 들어오는 나쁜 기운(세균이나 바이러스)을 막아 준다는 의미를 담고 있다. 기가 허하고 순환이 잘 안 돼서 생기는 자한증(땀 조절이 안 돼서 낮에 땀을 흘리는 증상)과 도한증(밤에 땀을 흘리는 증상)을 치료할 때 처방하는 탕이다. 백출은 삽주나무의 뿌리로 위장병을 치료하거나 소화가 안 될 때, 또는 식욕이 없을 때 사용한다. 또한 생강은 기운을 조화롭게 하고 특정 약의 독을 제거해준다.

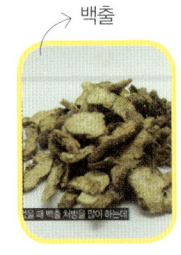
백출

방풍

1. 물 1ℓ에 황기 100g, 백출 20g, 방풍 10g, 생강 5g을 넣고 2시간 정도 우려낸다.

2. 중간 불로 40분간 끓인 다음 불을 끄고 30분간 다시 우려낸다.

`Point` 옥병풍산탕은 꼭 따뜻할 때 마셔야 한다.

한의서에 기록된 탕 끓이는 방법

1. 약재를 찬물에서 몇 시간 동안 우린다.
2. 센 불로 끓인다.
3. 물이 끓으면 불을 줄여 오랜 시간 자작하게 끓인다.

센 불로 끓이면 생생한 성분이, 약한 불로 끓이면 약재 깊숙이 들어 있는 유효 성분이 우러난다. 짧은 시간 끓여야 나오는 성분과 오랜 시간 끓여야 나오는 성분이 다르므로 재탕, 삼탕해서 섭취한다.

🍶 기허증에 좋은 **인황탕**

따뜻한 성질의 황기와 뜨거운 성질의 인삼이 만나 상승 작용을 일으킨다. 기력이 없고 쉽게 피로하며 무력한 증상이 나타나는 기허증에 좋은 탕이다.

1. 뜨거운 물에 황기 100g과 인삼 50g을 넣고 2시간 정도 우려낸다.

2. 중간 불로 40분간 끓인 다음 불을 끄고 30분간 다시 우려낸다.

> **Point** 꿀은 인황탕을 끓일 때 넣지 말고 마시기 직전에 넣어야 효과가 좋다.

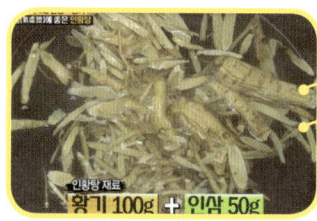 

임금님의 감기약, 생강

《동의보감》에 '옛날에 생강 먹기를 멈추지 말라는 말은 항상 먹으라는 말이다.'라는 구절이 있다. 이는 조선시대 이전부터 조상들이 생강을 많이 먹어 왔다는 사실을 알 수 있다. 14세기 후반~17세기 중반까지 영국에서는 페스트(흑사병)가 유행했는데 페스트에서 살아남은 사람들을 조사해보니 생강을 많이 먹었다고 한다. 생강을 먹으면 아스피린 효과의 80% 정도를 얻을 수 있다. 생강에 함유된 진저롤, 쇼가올이라는 매운맛을 내는 성분이 발한 작용을 해서 열을 내려 준다. 또한 생강은 몸의 지방 흡수율을 낮추고 항균 작용도 한다.

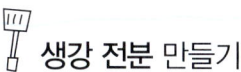 생강 전분 만들기

1. 생강을 갈아 즙을 낸 다음 전분이 가라앉도록 가만히 둔다.

2. 하루 정도 지나면 바닥에 전분이 가라앉는다.

3. 가라앉은 전분을 냉장고에 넣어 수분을 없애 가루로 만든다.

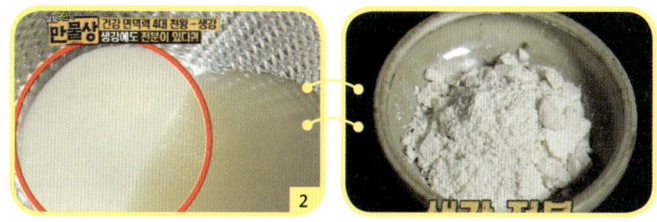

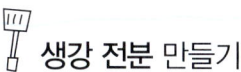 생강즙을 편리하게 사용하기 위한 **생강 젤리**

1. 생강을 강판에 간다.

> **Point** 강판에 갈고 남은 생강 자투리를 정종에 담가 놓으면 생강 맛술이 된다. 만든 다음 날부터 여러 요리에 활용할 수 있다.

2. 간 생강을 체에 받쳐 무거운 것으로 눌러 주거나 면 보자기에 넣고 꼭 짠다.

3. 생강즙을 얼음 통에 넣고 얼린다.

> **Point** 이렇게 즙을 내고 남은 찌꺼기로 생강란을 만든다.

🍴 임금님의 감기약 **생강란**

생강을 갈고 남은 찌꺼기를 졸여 다식처럼 만든 생강란은 옛날에 궁에서만 먹었다. 영조와 고종을 비롯해 공자, 피타고라스, 헨리 8세 등이 생강란을 즐겨 먹었다고 한다.

1. 프라이팬에 생강 찌꺼기와 물을 1:0.5 비율로 넣는다. 매운맛을 빼고 싶으면 생강 찌꺼기를 물에 한 번 헹궈서 사용한다.
2. 설탕을 한 스푼 정도 넣는다.
3. 약한 불에서 한 덩어리가 되도록 졸인다.
4. 졸인 생강 덩어리를 식힌 다음 모양을 잡아 잣가루를 묻힌다.

쓰지도 맵지도 않고 정말 맛있어요. 그런데 위산과다가 있는 사람이 많이 먹으면 속이 쓰릴 수 있어요.

🍴 달지 않은 건강 간식 **생강편**

생강을 설탕에 졸이면 생강편을 만들 수 있다. 그리고 생강편을 만들 때 떨어지는 설탕과 생강 자투리를 모은 것이 생강설탕. 생강설탕을 따뜻한 물에 타서 마시면 진한 생강차를 즐길 수 있다.

생강편

생강설탕

설탕과 생강 자투리

🔲 싱싱하게 **생강 보관하기**

생강을 집에 있는 화분 흙에 묻어 두면 싱싱하게 오래 보관할 수 있다. 이때 생강의 눈이 위를 보도록 묻는다. 흙에 묻지 않고 흙 위에 놓기만 해도 오래 보관할 수 있다.

생강의 끝 부분에 있는 생강 눈

생강이 썩으면 간암을 유발하는 유독 화합물인 사프롤이 생긴다. 따라서 생강이 썩으면 썩은 부분만 도려내지 말고 통째로 버려야 한다.

생강을 제철에 많이 사서 강판에 갈아 납작하게 눌러서 비닐봉지에 담은 다음 냉동 보관했다가 필요할 때 잘라 쓰면 된다. 생강즙만 얼음 통에 얼려서 써도 좋다.

생강 얼린 것

🍴 쉽게 생강 껍질 벗기기

생강을 하루 동안 물에 담갔다가 칼 대신 숟가락을 사용해 긁어 주면 쉽게 껍질을 벗겨낼 수 있다.

Tip

생강껍질 삶은 물을 탈취제로 사용해도 좋다. 분무기에 넣고 신발장 등 냄새나는 곳에 뿌리면 생강의 진저롤 성분이 항균 작용을 해서 악취는 물론 세균까지 없애 준다.

감기 예방과 치료에 좋은 **유자**

《본초강목》에 유자를 먹으면 가슴의 답답함이 풀리고 머리 아픈 것이 낫고 몸이 가벼워지면서 장수하게 된다고 나와 있다. 유자는 비타민 C를 풍부하게 함유하고  있어 감기 예방과 치료에 좋고 항피로 효과도 있다. 칼슘 또한 많아서 여성의 골다공증과 아이들의 성장 발육에 좋다.

유자와 타과실의 영양 성분 함량 비교표

단위 mg/10g

	비타민 B1	비타민 B2	비타민 C	나이아신	칼륨	칼슘
유자	0.10	0.01	105	0.2	194	49
귤	0.13	0.04	44	0.4	173	13
바나나	0.03	0.06	10	1.0	279	6
사과	0.03	0.01	5	0.1	39	4

🍳 유자청 만들기

1. 유자 껍질을 채썬다.

2. 꿀을 유자껍질의 30% 정도 넣고 버무린다.

꿀이나 설탕을 30%만 첨가한 유자청은 냉장 보관하면 쉽게 상하기 때문에 꼭 냉동 보관한다. 시중에서 파는 유자청은 꿀이나 설탕의 함량이 50% 이상이다.

유자청은 타로 마셔도 좋고 각종 요리에 이용해도 좋아요.

🍳 건강 지키는 **유자연근조림**

1. 연근 껍질을 벗긴 다음 마디 부분을 잘라내고 2~5mm 두께로 썬다.

2. 연근과 유자청을 섞은 다음 기호에 따라 소금을 약간 넣고 30분 정도 졸인다.

연근 안 좋아하는데, 달달하고 굉장히 맛있네요~

🍳 입맛 당기는 별미 **유자 겉절이**

1. 겉절이용 배추와 유자청을 함께 버무린다.

> **Point** 유자에 들어 있는 칼륨이 김치의 나트륨을 배출시킨다.

2. 버무린 배추에 김칫소를 넣고 다시 버무린다.

여러 맛이 어우러져서 먹어보지 않은 이상 표현을 못하겠어요.

 # 고귀한 맛의 감기 특효약 **흑유자차**

유자를 구워서 소화흡수율은 높이고 신맛은 없애고 약효는 강화했다.

1. 유자를 물로 씻은 다음 밀가루로 유자껍질의 먼지를 깨끗이 제거한다.

2. 유자를 물에 헹군 다음 물기를 닦는다.

3. 프라이팬에 종이호일을 깔고 유자를 올려놓는다.

4. 약한 불에서 유자를 굴려 가며 5시간 동안 굽는다. 손이 데지 않도록 면장갑을 끼고 구워 흑유자를 만든다.

5. 흑유자 하나를 2ℓ의 물에 넣고 20분 정도 끓인다. 여러 번 반복해서 우릴수록 진해진다. 단, 반복해서 끓일 때에는 차가 너무 진해지지 않도록 끓이는 시간을 줄인다.

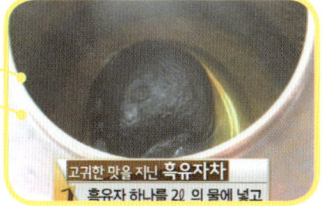

Tip

- 유자를 껍질과 씨째 슬라이스해서 말린 다음 목욕물에 넣는 입욕제로 사용한다.
- 유자는 장기간 보관이 어려운데 말린 유자를 냉동실에 보관하면 일 년 내내 사용할 수 있다.

🥤 전통방식으로 만드는 **유자단차**

1. 유자는 윗부분에서 1/4 정도 되는 부분의 껍질을 잘라낸다.

2. 숟가락을 넣고 돌려 알맹이를 깔끔하게 **뺀다**.

3. 꺼낸 알맹이로 즙을 짜고 녹차에 유자즙을 적당히 넣어 버무린 다음 30분간 둔다.

4. 유자즙에 버무린 녹차를 3분간 찐 다음 알맹이를 뺀 유자껍질 안에 넣는다. 유자 껍질의 2/3 정도만 담아야 쪼그라들지 않고 맛과 모양이 좋다.

5. 잘라낸 유자 뚜껑을 덮은 다음 면실로 8등분 하며 묶는다.

6. 김이 오른 찜솥에 **5**를 넣고 3분간 찌면 완성. 실로 묶어서 공중에 매달아 3일간 건조시킨다.

> **Point** 유자가 터질 수 있으니 너무 오래 찌지 말 것. 유자단차는 시간이 흐를수록 마르면서 색이 까 매진다.

건조시킨 유자단차를 뜨거운 물에 넣고 5분 정도 우려서 마신다. 유자단차는 10번 이상 우려서 마실 수 있다.

유자단차는 오랜 시간 말리면서 먼지 등이 묻을 수 있으니 차를 우리기 전에 가스 불에 살짝 구워서 소독한다. 진하게 우려 마시면 위장이나 비장이 상할 수 있으니 물의 양을 넉넉하게 잡아야 한다.

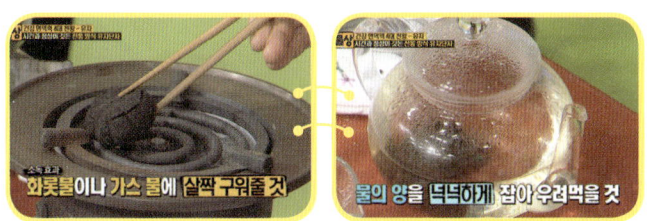

흔하지만 귀한 만병통치약, 들풀

우리 주변에서 흔히 볼 수 있는 들풀 중에서 약이 되는 풀이 있다. 우리에게 익숙한 토끼풀, 질경이, 개구리밥을 비롯해 곰보배추, 꿀풀, 쇠비름 등이 그런 종류로 각각 다른 성질과 효능을 지닌다. 들풀 중에는 독초도 있고 약이 되더라도 야생에서 자라는 풀을 그냥 뜯어 먹으면 위험할 수 있으니 주의해야 한다.

천연 항생제, 곰보배추

겨울철에 얼어 죽지 않고 바닥에 붙어서 겨울을 나는 식물로 배추 모종과 비슷하지만 크기가 작고 잎이 곰보처럼 생겨서 곰보배추라고 부른다. 눈 속에

서도 볼 수 있어서 '설견초'라고도 하고 《본초강목》에는 '여지초'라고 나온다. 《본초강목》에는 여지초가 기운이 서늘해서 청녈해독한다고 기록되어 있다. 즉 피의 기운을 서늘하게 해서 염증을 치료해준다는 말이다. 곰보배추는 피부의 염증을 치료해주고 해독 작용을 해서 벌레나 뱀에 물린 데에 좋다.

곰보배추를 생으로 먹으면 매운맛과 박하 맛이 강하게 나며 항균과 염증 치료 효과가 뛰어나다. 곰보배추는 식중독과 폐렴 등을 일으키는 황색포도상구균을 포함한 양성균과 음성균을 억제하고 사멸하는 효과를 지닌다. 곰보배추는 우리나라 토종식물로 마당에서도 쉽게 키울 수 있다. 생으로 겉절이와 효소를 만들고, 말려서는 차로 마신다. 곰보배추 씨로는 기름을 내서 식용유로 활용한다.

면역력을 높이는 **곰보배추 효소**

1. 곰보배추를 뿌리째 깨끗이 씻는다.

2. 곰보배추와 조청을 1:0.7의 비율로 넣는다.

3. 곰보배추와 조청을 잘 버무린다.

4. 식초를 딱 한 방울만 넣는다. 식초가 잡균을 없애고 발효를 촉진시킨다.

5. 건더기를 건지지 않고 계속 삭힌다. 최소 100일 정도 발효시켜 먹는 것이 좋다.

식초는 딱 한 방울만!

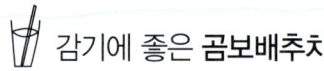 감기에 좋은 **곰보배추차**

뜨거운 물에 곰보배추 건초를 넣고 5분 정도 끓인다. 떫은맛이 강해서 꿀을 타서 마시면 좋고 감기 치료에 정말 좋다.

🌱 향균 염증 치료에 좋은 **곰보배추 키우기**

비닐봉지에 흙을 담고 곰보배추 씨앗(25cm 비닐봉지 하나에 씨앗은 5개 정도)을 뿌린다. 곰보배추는 병과 벌레에 강해 물만 잘 주면 쑥쑥 자라서 한 달 정도 키우면 먹을 수 있다.

천연 항암제, 밀싹

밀의 씨앗에서 나온 싹으로 밀순이라고도 한다. 《동의보감》에는 소맥묘(작은

밀에 싹을 낸 것)로 나오는데 열이 있고 가슴이 답답한 증상이 있을 때 열을 내려 준다고 기록돼 있다. 또 다른 문헌에는 밀싹이 술독을 푼다고 되어 있다. 밀싹은 정말 많은 영양소를 함유하고 있다. 비타민 A, C, E, B1, B2, B3, 비오틴, 엽산, 콜린, 칼슘, 철분, 망간, 인, 소듐, 칼륨, 코발트, 아연, 셀레늄 외에도 10가지가 넘는 비타민과 20가지나 되는 아미노산과 미네랄, 효소를 함유한다. 해독 작용이 탁월해 간 해독과 주독을 푸는 데 좋고 비알코올성 지방간을 치료하는 데에도 효과적이다. 무엇보다 항암 물질을 많이 함유하고 있어 암환자가 먹으면 좋다. 밀싹은 많이 질겨서 생으로 요리하기보다는 갈거나 즙을 내서 사용한다. 밀싹으로 즙을 내 먹으면 흡수율도 높아진다.

밀싹즙 내기

10~15cm 정도 자란 밀싹 100g(1인분 기준)을 녹즙기나 믹서에 갈아 즙을 낸다. 처음 먹는 사람은 명현 현상을 겪을 수 있으니 소량만 먹도록 한다. 밀싹에 사과나 요구르트를 넣고 갈면 명현 현상을 줄일 수 있다. 하루 권장량은

밀싹을 생으로 씹으면 첫맛은 쓰지만, 끝 맛이 달착지근한데 즙을 내니 쓴 단맛이 많이 나네요.

→ 된장찌개에 밀싹을 올려 먹는다.

소주잔으로 한 컵(약 50ml) 정도. 밀싹즙을 만들 때 생기는 거품은 먹어도 되고 얼굴에 팩을 해도 좋다. 이외에도 찌개나 국에 살짝 얹어 먹는다.

🌱 집에서 쉽게 **밀싹 키우기**

밀싹은 날씨가 서늘한 9월 이후에 재배하는 것이 좋다. 수경재배도 가능하지만 밀싹의 좋은 효능을 보려면 토양재배를 하는 것이 좋다.

1. 밀 씨앗을 물에 6시간 동안 불린다. 6시간 동안 불리면 씨앗 눈이 나온다.

2. 화분에 흙을 깔고 그 위에 밀 씨앗을 촘촘하게 뿌린다.

3. 매일 아침 한 번씩 물을 충분히 뿌린다. 씨 뿌린 지 3일 만에 새싹이 나고 8~12일 정도면 수확해서 먹을 수 있다. 집에서 기르면 3번까지 잘라 먹을 수 있다.

아토피 치료제, 개구리밥

연못에서 흔히 볼 수 있는 개구리밥은 개구리처럼 생겨서 이런 이름을 갖게 되었다. 최근 아토피 치료에 효과적이라고 알려지면서 재조명 받고 있다. 개구리밥은 생으로 빻아서 상처나 염증에 직접 바르기도 하고, 말려서 차로 마

말린 개구리밥을 입욕제로 사용

생개구리밥을 빨아서
상처나 염증에 직접 마사지

시거나 입욕제로 사용한다. 개구리밥을 먹으면 땀이 많이 나고 열이 발산되면서 피부가 진정된다. 또 화상 치료에도 효과를 볼 수 있다. 그런데 평소에 땀을 많이 흘리는 사람이 개구리밥을 먹으면 땀이 비 오듯 쏟아져서 효과가 없고 몸에 열이 너무 없거나 몸이 찬 사람에게도 개구리밥이 맞지 않는다. 개구리밥은 연못에서 자라 농약에 오염된 경우가 많으니 꼭 흐르는 물에 여러 번 깨끗이 씻어서 말린 다음 사용해야 한다.

🌱 집에서 개구리밥 키우기

1. 깨끗한 물에서 자란 개구리밥을 채취한다.
2. 물을 채운 넓은 대야에 개구리밥을 넣는다.
3. 벌레가 들어오는 것을 막기 위해 방충망을 씌운다.

Chapter

07

계절별 보양식

여름을 이기는 **국수**

입맛 없는 여름, 남녀노소 즐겨 찾는 국수다. 막국수나 비빔국수 등 평범한 국수 말고 특별한 재료로 만든 보양 국수를 소개한다. 무더운 여름철 입맛을 되찾고 허해진 기운까지 북돋아 주는 별미 중의 별미다.

대나무로 만드는 국수, 죽계국수

죽계국수란 대나무에서 자란 닭(죽계)을 재료로 만든 국수로, 몸을 하기시키는 대나무와 몸을 상기시키는 닭은 궁합이 잘 맞는 조합이다. 대나무의 플라보노이드 성분이 노화를, 대나뭇잎은 당뇨를 예방한다. 여기에 기름을 제거하고 당 수치를 낮춰주는 엄나무와 루틴 성분이 함유되어 있어 당뇨와 고혈압에 탁월한 꾸지뽕을 비롯해 헛개나무, 대추, 오가피, 죽순 등을 넣어 만든다. 또 하나의 중요한 재료인 죽력은 대나무의 줄기를 불에 구워서 받은 액즙으로 닭의 기름기를 제거해준다.

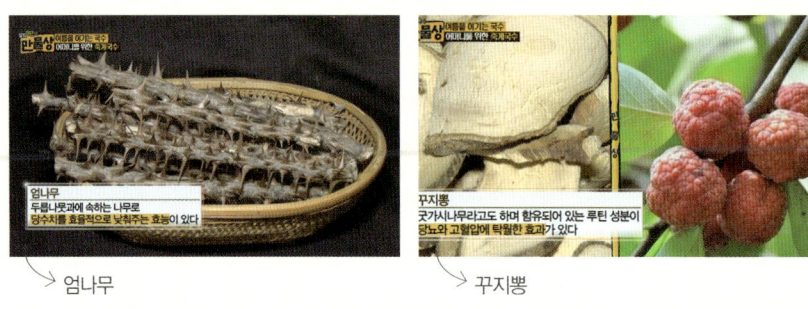

엄나무
두릅나뭇과에 속하는 나무로
당수치를 효율적으로 낮춰주는 효능이 있다

엄나무

꾸지뽕
굿가시나무라고도 하며 함유되어 있는 루틴 성분이
당뇨와 고혈압에 탁월한 효과가 있다

꾸지뽕

🍴 귀한 보양 국수 **죽계국수**

1. 냄비에 물을 붓고 몸에 좋은 각종 약재(엄나무, 오가피, 구지뽕, 헛개나무)와 죽순, 대추, 밤, 대나무, 대나뭇잎가루를 넣는다.

2. 감자와 죽계, 죽력(185쪽 참고)을 넣고 푹 끓여 육수를 만든다.

3. 육수를 한지에 한 번 걸러 기름기를 제거한다.

   Point 한지가 없을 때에는 커피 거르는 종이를 사용해도 된다.

4. 닭고기 살을 먹기 좋게 찢는다.

약이네~ 십전대
보탕을 아두 묽게
한 맛이에요.

닭 비린내가
던혀 나지 않
고 담백해요.

죽계육수

5. 국수를 삶아 그릇에 담고 잘게 찢은 닭고기와 달걀 지단을 올린 다음 차갑게 식힌
   육수를 붓는다.

6. 간장으로 간을 해서 먹는다.

죽력 만들기

죽력은 대나무의 나뭇진 성분으로 예부터 중풍 환자가 의식을 잃었을 때 한두 방울
먹여서 깨웠다고 한다. 또 아이들이 경기할 때에도 쓰였다. 하루에 20ml 정도를 네
번에 나눠 먹는다. 설사하는 사람은 많이 먹으면 안 된다.

1. 항아리 안에 대나무를 넣고 다른 항아리를 위로 엎어 황토를 발라 봉한다.

2. 왕겨로 일주일 이상 불을 때면 기름을 추출할 수 있다.

목토액 냄새가 나
고, 식초처럼 신맛
이 나요.

보양 국수 우렁이 죽순 초무침국수

죽순에 붙어 있는 하얀 부분은 타이로신 성분으로 뇌의 기능을 활성화해 기억력을 높
여 준다. 죽순에는 아연도 풍부하고 식이섬유가 65%나 들어 있다.

1. 죽순은 껍질을 벗기지 말고 통째로 삶은 다음 찬물에 담갔다가 껍질을 벗긴다. 죽

순은 껍질째 삶아야 죽순 맛을 제대로 살릴 수 있다.

2. 대나무 칼을 이용해 삶은 죽순을 적당한 두께로 썬다.

3. 그릇에 삶은 소면, 죽순, 우렁이, 부추를 담는다.

> `Point` 찬 성질의 죽순과 따뜻한 성질의 부추는 찰떡궁합이다.

4. 양념장을 넣어 비벼 먹는다.

> `Point` 양념장은 사과 간 것, 양파 간 것, 간장, 식초, 물엿, 고추장을 섞어서 15일간 숙성시킨다.

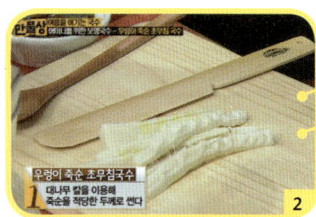

더운 여름에 먹으면 정말 입맛 돌겠네요.

면 탱탱하게 삶는 비법

1. 끓는 물에 면을 넣고 끓이다가 끓어 넘치면 찬물을 한 컵 넣는다.
2. 면발을 삶으면서 젓가락으로 자주 들어 올린다. 면발이 공기와 접촉하면서 면의 온도가 낮아진다.
3. 물이 끓어오를 때 식초를 넣으면 산이 단백질을 응고시켜 면발을 탱탱하게 만든다.
4. 삶은 면을 얼음에 넣고 비벼 준다. 순간적인 온도 변화로 면발이 단단해진다.

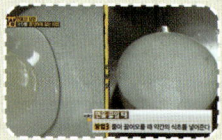
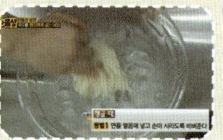

해초로 만드는 국수

해조류는 중금속 배출에 효과적이다. 《동의보감》에 나오는 해조류의 공통적인 특징은 수액대사(水液代謝)를 조절해서 부기를 빼고 뭉친 것을 풀어 준다는 것이다.

🍴 배변 활동에 특효약 **해초비빔국수**

꼬시래기에는 칼슘이 미역이나 다시마의 5배나 들어 있다. 식이섬유가 풍부해서 배변 활동과 대장 건강에 좋다.

꼬시래기

1. 불린 다시마를 펼쳐 놓고 얇게 채썬다.
2. 불린 꼬시래기를 먹기 좋은 길이로 자른다.
3. 당근, 양배추, 양상추, 치커리 등 채소를 얇게 채썬다.
4. 그릇에 다시마와 꼬시래기, 채썬 채소를 담고 적당량의 콩가루, 김가루, 날치알을 넣는다.
5. 들기름과 초장드레싱(유자청, 사과, 배, 파인애플)을 넣고 비벼 먹는다.

칼로리가 낮아 야식으로 먹으면 좋겠어요.

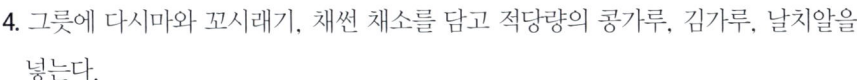

🍴 지방을 분해하는 세모가사리 칼국수

세모가사리는 해조류 중에서 유일하게 지방을 흡착해서 분해하는 성분을 가지고 있다. 세모가사리가루와 소금을 섞어 만든 해초소금에 치킨이나 순대를 찍어 먹으면 지방과 염도를 줄이는 효과를 얻을 수 있다.

1. 냄비에 멸치, 마늘, 북어대가리, 파뿌리, 고추씨를 넣고 1시간 이상 끓여 육수를 만든다.

2. 물, 밀가루, 세모가사리가루, 소금을 섞어 반죽을 해서 면을 만든다.

   Point 탱탱하고 불지 않는 면을 만들려면 반죽을 할 때 식용유를 약간 넣는다.

3. 육수에 호박, 당근, 양파, 파 등의 채소를 넣고 세모가사리 면을 넣고 끓인다.

육수에 고추씨를 넣어 아주 칼칼해요~

초스피드 국수 만들기

초스피드 다시마 육수 만들기

1. 다시마의 겉을 행주로 살짝 닦은 다음 밀폐용기에 넣고 물을 붓는다.
2. 냉장고에 넣어 두고 30분만 지나면 사용할 수 있다. 필요할 때마다 덜어 쓰고 세 번 정도 물을 보충해 사용한다.

Tip 육수를 우리고 남은 다시마는 말려서 부각으로 만들거나 조림할 때 넣어 요리한다.

초스피드 양념장 만들기

설탕 2큰술, 다진 마늘 2/3큰술, 매실청 1큰술, 고추장 4큰술, 식초 3큰술, 통깨 약간을 섞는다.

국물비빔국수 만들기

1. 삶은 소면 위에 상추와 오이를 먹기 좋게 썰어 얹는다.
2. 다시마 육수 150㎖에 만들어 놓은 양념장을 섞는다.
3. 소면에 양념장을 넣고 비빈다.
4. 2를 소면에 부어 먹는다.

초간단 설탕국수 만들기

국수를 쫄깃하게 삶고 시원한 물을 부어야 가장 맛있게 먹을 수 있다.

1. 약간의 찬물과 삶은 소면을 볼에 넣는다.
2. 설탕을 2큰술 정도 넣고 잘 섞는다.

면 자체의 짭조름함과 설탕의 달콤함이 어우러져 너무 맛있어요!

가을 보양식, 곶감

감을 말리면 떫은 성분이 사라지고 단맛이 배어 나오는 곶감이 된다. 떫은맛(타닌)을 지닌 감은 대장에 관여해서 설사를 멎게 한다면 곶감은 폐에 관여해서 목소리를 맑게 한다. 곶감은 또한 폐를 윤택하게 해서 기침과 가래를 치료하고 주근깨를 없애 준다.

기관지에 좋은 **곶감 스테이크**

냄비에 꼭지를 뗀 곶감 500g, 우유 500ml, 꿀 300g을 넣고 우유가 없어질 때까지 졸인다. 꿀의 양은 기호에 따라 조절해도 된다. 곶감 스테이크는 냉장고에 넣어 두었다가 전자레인지에 데워 먹는다. 우유를 마시면 설사하는 사람들에게 좋다. 몸이 허약하고 기력이 쇠한 사람들에게는 보양식이 된다.

오래 돼서 딱딱해진
곶감을 재활용해서
만들면 좋겠어요.

딸꾹질에 특효약 감꼭지차

곶감 스테이크를 만들 때 떼어 버리는 감꼭지로
차를 우려내 마신다. 감꼭지는 약명이 시체(柹
蔕). 속이 냉해서 배에 가스가 많이 차고 소화가
잘 안 되는 사람에게 좋다. 특히 딸꾹질에 특효
약으로 비위가 허한 사람이 딸꾹질을 멈추지 않

고 계속 할 때, 습관적으로 딸꾹질을 할 때 마시면 좋다.
가지꼭지 역시 겉 껍질을 벗겨서 말린 다음 차로 마신다. 보라색 과일에 많이 들어
있는 안토시안이 가지꼭지에 가장 많이 들어 있다. 혈액순환이 안 되는 겨울철에 가
지꼭지차를 마시면 혈액을 맑게 해준다. 또한 생리통에도 효과적이고 차로 가글을
하면 잇몸 건강에도 도움을 준다.

겨울의 제왕, 시래기

시래기는 푸른 무청을 푹 삶아 겨우내 말린 것이다. 시래기에는 비타민 A와 비타민 C, 칼슘과 철분, 식이섬유가 풍부하다. 특히 무청이 건조되면서 식이 섬유가 증가해 변비를 해결하고 노폐물을 배출하는 데 도움을 준다. 시래기의 식이섬유는 혈당이 갑자기 올라가는 것을 막아 주고 포만감을 주어 다이어트에도·효과적이다. 또한 장내 포도당 흡수율과 콜레스테롤 흡수율을 낮춰 혈압과 당뇨에도 좋다.

시래기 중에서도 강원도 양구에서 만들어지는 양구 시래기가 유명하다. 보통 일반 무는 90일 정도 키워서 재배하는데 양구 시래기는 60일 내외만 키운 작

은 무의 잎줄기로 만든다. 겨우내 추위에 얼고 녹기를 반복하는 양구 시래기는 다른 시래기보다 훨씬 부드럽고 맛있다.

구수한 시래기차

시래기를 덖어서 식힌 다음 다시 한 번 덖는다. 이렇게 아홉 번 덖고 식혀서 만든 시래기를 뜨거운 물에 우려 차로 마신다. 시래기를 구증구포하는 과정에서 시래기의 성질이 냉에서 온으로 바뀐다. 따뜻한 성질의 시래기차는 보혈, 보음 작용을 하고 무기질을 많이 함유해 대장암을 예방해준다.

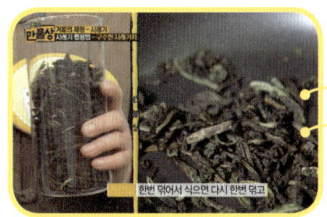

시래기 부드럽게 삶는 법

시래기를 쌀뜨물로 삶으면 잡내와 뻣뻣함을 없앨 수 있다. 쌀뜨물에 30분간 삶은 다음 그 물에 그냥 담가서 뜸들이면 부드러워지는데 그래도 뻣뻣하면 한 번 더 삶는다.

 당뇨에 좋은 **시래기 숙성차**

1. 시래기를 뜨거운 물에 데쳐서 말린다. 또는 데치지 말고 하루에서 하루 반나절 정도 그늘에 말린다. 수분이 50%만 남을 정도로 말린다.

2. 시래기의 밑둥은 잘라 버리고 나머지를 적당한 크기로 자른다.

3. 법주(경북 경주 지방의 민속주로 누룩을 만드는 청주의 한 종류)를 분무기에 넣어 시래기에 뿌린다.

4. 전기밥솥에 채반을 넣고 시래기를 올린다.

5. 보온 버튼을 누르고 10~15일 정도 둔다.

6. 숙성시킨 시래기를 햇빛에 하루 정도 바싹 말린다.

   Point 좀 더 구수하게 마시고 싶으면 말리지 말고 시래기를 덖는다.

열흘 정도 숙성시킨 시래기를 덖는다.

숙성된 시래기 차가 더 부드럽고 깊이가 있네요.

365일 시래기 먹는 비법 시래기 된장 장아찌

푸른 무청에는 다양한 비타민이 풍부하지만 시래기에는 비타민과 단백질이 부족하다. 그래서 비타민과 단백질이 많은 된장과 같이 먹으면 찰떡궁합이다. 시래기 된장 장아찌에 들기름을 넣고 볶으면 시래기무침이 된다. 장아찌가 짜면 물에 한 번 씻은 다음 들기름, 깨, 파, 마늘을 넣고 살짝 볶아도 맛있다.

1. 시래기를 살짝 데친 다음 물기가 없어질 때까지 하루 정도 햇볕에 말린다.
2. 시래기와 된장을 1:1 비율로 섞는다. 상온에서 6개월간 숙성시키면 먹을 수 있다.

365일 시래기 먹는 비법 시래기 간장 장아찌

1. 무청을 삶는다.
2. 무청에 간장, 설탕, 식초를 5:2:2의 비율로 넣는다. 상온에서 3개월간 숙성시켜서 먹는다.

   Point 설탕을 줄이고 조청을 넣으면 10일 정도만 숙성해도 먹을 수 있다.

3년 된 장아찌가 정말 아삭아삭해요~

🥤 소화를 돕는 시래기 식혜

식혜가 소화를 돕기 때문에 시래기로 식혜를 만들어 먹으면 소화기가 약한 사람은 시래기의 영양분을 좀 더 쉽게 흡수할 수 있다.

1. 물 2ℓ에 시래기 150g을 넣고 30분 정도 팔팔 끓인 다음 물만 따로 걸러내 시래기 달인 물을 만든다.

2. 엿기름을 망에 넣고 물을 부은 다음 손으로 주물러 엿기름 물을 걸러낸다.

   Point 엿기름을 물에 30분~1시간 정도 불렸다가 손으로 주무르면 엿기름 물이 더욱 진하게 나온다.

3. 전기밥솥에 찬밥을 넣고 엿기름 물을 붓는다.

   Point 엿기름을 많이 넣을수록 발효가 빨리 된다. 엿기름은 밥 양의 반 정도 넣어 주면 좋다.

4. 시래기 달인 물을 약간만 붓는다. 시래기 달인 물을 너무 많이 넣으면 시래기 향이 강해 아이들이 잘 먹지 않고 숙성도 잘 되지 않는다.

5. 전기밥솥을 보온 상태로 3~4시간 두면 완성.

   Point 밥알이 10개 정도 뜨면 먹을 수 있지만 50~60개 뜰 때까지 숙성시키면 더 맛있다.

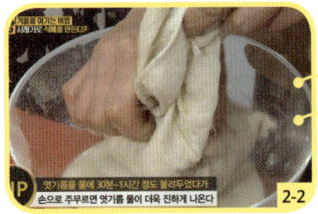

시래기 조청 & 시래기 강엿 만들기

시래기 조청 물 2ℓ에 시래기 300g을 넣고 시래기 식혜와 동일한 방법으로 만든 다음 밥알을 걸러내고 계속 졸이면 시래기 조청을 만들 수 있다.

시래기 강엿 물 2ℓ에 시래기 600g을 넣고 시래기 식혜와 동일한 방법으로 만든 다음 밥알을 걸러내고 계속 졸이면 시래기 강엿을 만들 수 있다. 시래기 강엿은 기관지가 약해 마른기침을 하는 노인에게 좋다.

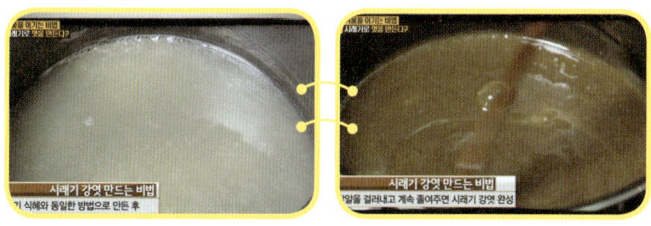

2주 만에 만드는 **시래기 식초**

시래기 식초는 요리할 때 사용하기 좋고, 상온에서 보관하면 두 달 안에 먹는 것이 좋다.

1. 적당한 크기로 자른 시래기를 용기의 1/4 정도 넣는다.

> **Point** 매운맛이 강한 시래기의 밑부분 1/5은 잘라 버리고 그 윗부분만 사용한다.

2. 시판하는 현미식초를 용기의 70%까지 붓는다.

> **Point** 현미식초 외에 사과식초 등 어떤 식초를 사용해도 좋다.

3. 용기를 밀봉해 서늘한 곳에서 2주 정도 보관한 후 체에 거르면 완성.

🍶 시래기 막걸리 식초 만들기

물에 희석해서 마시기에 좋은 식초다.

1. 적당한 크기로 자른 시래기를 용기의 1/3 정도 넣는다.

2. 효모가 살아 있는 생막걸리를 용기의 80%까지 붓는다. 이때 유통기한이 10~20일 정도인 생막걸리를 사용한다.

3. 뚜껑을 닫고 상온에서 이틀 정도 보관한다.

4. 이틀 후 뚜껑을 열고 가재 수건만 씌워서 두 달 정도 보관한다.

5. 두 달 후 체에 걸러 투명용기에 담는다.

6. 투명용기에 초막이 생기면 그 상태로 두 달 정도 더 숙성시킨다.

우와~ 향이 좋아요.

겨울철 자연주의 밥상

겨울 제철 음식인 굴과 고구마로 차리는 자연주의 밥상. 신진대사가 떨어지는 겨울철에 글리코겐이 풍부한 굴을 먹으면 활력을 되찾을 수 있다. 우리가 탄수화물을 먹으면 그것이 포도당으로 바뀌고 포도당이 간에서 글리코겐으로 저장되는데 운동을 하거나 활동을 많이 하면 글리코겐이 다시 포도당으로 전환되면서 에너지원 역할을 하기 때문이다.

《본초강목》에 보면 고구마가 기를 살려 주고 진액을 생성하며 대장의 기운을 소통시킨다고 나와 있다. 고구마의 점액질은 혈관의 탄력을 좋게 하고 피하 지방을 낮춰줄 뿐만 아니라 호흡기와 소화기의 점막을 보호해준다. 또한 고구마에는 식이섬유 역시 풍부하게 들어 있어 변비는 물론 대장암에도 효과가 좋다.

🍴 겨울철 별미 굴전

1. 찹쌀가루와 맵쌀가루를 2:3의 비율로 잘 섞는다.

2. 섞은 가루에 굴을 넣고 굴의 형태가 완전히 없어질 때까지 으깨서 반죽한다.

3. 반죽을 동그랗게 빚은 다음 납작하게 만든다.

4. 프라이팬에 기름을 두르고 앞뒤로 노릇하게 지진다.

굴 형태가 없어서 굴
안 먹는 아이들도 굴전
인 줄 모르고 맛있게
먹을 것 같아요.

🍴 시원한 맛이 일품인 **동치미 굴회**

1. 잘 익은 동치미에 참깨와 참기름을 약간씩 넣
   는다.

2. 동치미에 배를 얇게 채썰어 넣는다.

3. 마지막으로 동치미에 굴을 넣고 잘 섞는다.

🍳 염도는 줄이고 영양은 높인 **고구마 고추장**

고구마 자체가 고추장을 덜 짜게 해주고 고구마에 들어있는 칼륨이 나트륨을 배출시
키는 효과가 있다.

1. 찐 고구마 500g에 적당량의 엿기름을 넣고 으깬다.

2. 메줏가루 500g, 소금 400g, 고춧가루 750g을 넣는다.

3. 물엿을 넣고 잘 섞이도록 젓는다.

짠맛은 잡고 건강은 챙기고!

나트륨을 줄인 만능 맛간장 만들기

1. 멸치 육수와 진간장을 1.2:1 비율로 넣는다.

> **Point** 나트륨을 좀 더 줄이고 싶으면 멸치 육수 대신 콩 삶은 물을 넣는다.

2. 매실청과 설탕을 동량으로 넣는다. 매실청 대신 물엿을 넣어도 된다.

3. 비린내를 없애기 위해 다진 마늘과 후추를 넣고 팔팔 끓인 다음 식히면 완성.

만능 맛간장으로 간장 김치 만들기

1. 겉절이용 배추에 만능 맛간장 1~2큰술을 넣고 버무린다.

> **Point** 취향에 따라 고춧가루나 고추냉이를 더해도 좋다.

2. 참기름을 1큰술 정도 넣는다.

저염 간장 만들기

간장에 물을 타서 염도를 낮추는 대신 채소를 넣고 저염 간장을 만드는 이유는 채소를 넣고 끓인 저염 간장에서는 채소 향이 나기 때문에 아무래도 적게 넣게 되지만 간장에 물을 타서 묽게 만들면 싱거운 맛이 그대로 느껴져서 결국 일반 간장보다 더 많은 양을 넣게 되기 때문이다. 저염 간장을 만들 때 향긋한 채소나 허브, 생강을 넣으면 간장을 더 적게 사용할 수 있다. 단맛이 필요 없는 국간장으로 쓰기에 적당하다.

1. 냄비에 간장을 필요한 양만큼 넣는다.

2. 1에 양배추와 껍질 벗긴 고구마를 큼직하게 썰어 넣는다.

   Point 양배추와 고구마가 간장의 염도를 낮춰 준다. 통양파를 껍질째 넣거나 배를 넣어도 좋다.

3. 약한 불에서 1분 정도 끓인다.

매운맛과 짠맛을 줄인 토마토 고추장 만들기

1. 프라이팬에 토마토 1개를 갈아서 넣는다.

2. 고추장 3큰술을 넣고 잘 섞은 다음 약한 불에서 2~3분간 볶는다.

   Point 매운맛과 짠맛이 줄어 아이들이 먹기에 좋다.

무엇이든 건강하게 말려 먹는다

채소나 과일을 제철에 저렴할 때 많이 구입해서 말려 놓으면 철이 지나서도 먹을 수 있어 좋다. 식품을 말리면 수분은 줄어들고 칼로리는 높아지는데 특히 당도가 증가한다. 영양가가 농축된 말린 음식은 에너지가 많이 필요한 사람에게는 좋지만, 당뇨가 있거나 비만인 사람에게는 조심해야 할 대상이다. 습도가 높은 날에는 벌레가 꼬이기 쉬우니 건조시키지 않는 것이 좋다. 햇빛 좋은 날에는 2~3일 정도면 바짝 말릴 수 있다.

식품을 말리기 전후의 영양성분 변화

(농촌진흥청, 100g 기준)

	수분(g)	에너지(kcal)	칼슘(mg)	단백질(g)
무	93.7	21	26	1
말린 무	15.7	297	310	11.2
사과	86.3	49	6	0.2
말린사과	24	275	31	1
무화과	84.6	54	26	0.6
말린 무화과	27.4	254	265	3.2

애호박 손쉽게 말리기

1. 애호박을 적당한 두께로 통썰기한다.
2. 애호박에 지름의 2/3 길이로 칼집을 내준다. 말릴 때 떨어질 수 있으니 2/3 길이를 꼭 맞출 것.
3. 칼집 낸 애호박을 일정한 간격으로 세탁소 옷걸이에 끼운다.

4. 바람이 잘 통하는 그늘에 옷걸이를 걸어 놓으면 이틀이면 마른다.

> **Point** 가지도 마찬가지 방법으로 말리면 된다.

집에서 손쉽게 곶감 만들기

1. 비닐끈을 4등분으로 가른다.

2. 비닐끈으로 두 번 매듭을 만들어 감꼭지에 묶는다.

3. 이런 방식으로 일정한 간격을 두고 감을 비닐끈에 매단다.

4. 홈이 파인 플라스틱 옷걸이에 감을 매단 비닐끈을 걸어 준다.

> **Point** 껍질을 벗겨서 말리는 것이 아니라 감을 줄에 매달고 껍질을 벗긴다.

5. 옷걸이에 걸어 놓고 감자칼을 이용해 감껍질을 깎는다. 일주일 정도 지나면 겉은 꼬들꼬들하고 속은 말랑말랑하게 마른 반건조 곶감 완성.

부각 만들기

1. 물과 찹쌀을 1:0.6~0.7 비율로 넣고 되직하게 끓여 찹쌀풀을 만든다.

2. 부각 만들 재료를 깨끗이 씻어 물기를 뺀다.

3. 숟가락으로 재료의 한쪽 면에 찹쌀풀을 바른다.

4. 채반에 널어 말린다.

5. 찹쌀풀이 손에 붙지 않을 정도로 마르면 뒤집어서 다른 면에 찹쌀풀을 바르고 다시 말린다. 한 면에만 찹쌀풀을 발라도 된다.

말린 달걀노른자 활용하기

완숙으로 익힌 달걀노른자를 말려 유부초밥에 찍어 먹는다. 밥이 따뜻해야 달걀노른자가 더 잘 붙고 촉촉해서 맛있다. 또 샐러드에 뿌려 먹어도 좋다.

말린 묵무침 만들기

1. 말린 묵을 따뜻한 물에 30분간 불린다.

2. 오이와 함께 간장, 고춧가루, 깨소금, 참기름을 넣고 버무린다.

말린 두부무침 만들기

1. 말린 두부를 따뜻한 물에 30분간 불린다.

2. 닭가슴살과 각종 채소를 넣고 고추장, 고춧가루 등으로 양념해서 무친다.

공중 부양 채반 만들기

1. 옷걸이의 고리 부분과 아래쪽 가운데 부분을 양손으로 잡고 양쪽으로 당겨 일자 모양으로 만든다. 이런 방식으로 일자 모양의 옷걸이를 3개 만든다.

2. S자 고리를 이용해 일자 모양 옷걸이 3개를 선풍기 커버에 걸어 준다.

3. 3개의 일자 옷걸이 끝을 모두 모아 S자 고리에 끼운다.

말릴 재료를 선풍기 커버 위에 올리고 건조대에 걸어 말린다. 과일을 말릴 때에는 벌레가 꼬일 수 있기 때문에 선풍기 커버에 양파망을 씌우면 된다. S자 고리 3개를 선풍기 커버에 꽂고 선풍기 커버를 하나 더 위에 올린 다음 S자 고리로 커버 두 개를 연결하면 2층짜리 건조대 완성.

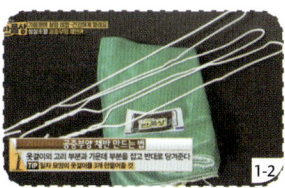

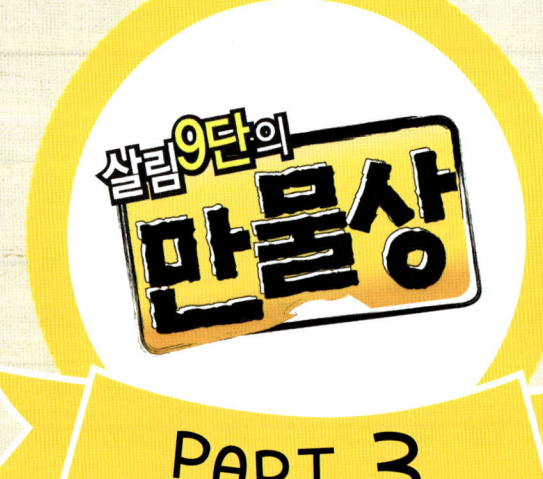

PART 3

똑소리 나는
살림비법

천연 마법 세제

식재료로 만드는 천연 세제

식재료로 만드는 **천연 세제**

찬밥과 폐식용유, 마시다 남은 맥주를 재활용해서 천연 세제를 만들고, 달걀 껍데기와 오렌지껍질로는 천연 표백제를 만들 수 있다. 거품이 풍부한 천연 세제는 세척 효과가 뛰어날 뿐만 아니라 피부에 닿더라도 화학 세제와 달리 피부를 손상시키지 않아 안전하다. 주부습진이나 아토피 등의 피부병을 앓고 있다면 꼭 천연 세제를 사용하는 것이 좋다.

천연 세제 vs 합성 세제 산도

천연 세제와 합성 세제로 세탁한 각 세탁물에 알칼리성에 색깔 반응을 하는 산도를 알아볼 수 있는 시약을 떨어뜨리면 합성 세제로 세탁한 경우 붉게 변한다. 천연 세제의 경우 만든 재료는 알칼리성인데 시간이 지나면서 산도가 중성화되어 붉게 변하지 않는다.

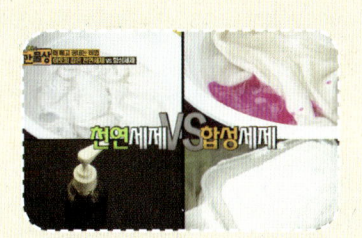

🥬 찬밥 주방 세제 만들기

찬밥의 녹말 성분이 기름때 제거에 탁월한 효과가 있다.

1. 볼에 폐식용유 500ml를 넣는다.

2. 다른 용기에 물을 소주잔으로 2컵 넣고 수산화나트륨은 소주잔으로 1컵을 조금씩 넣으면서 섞어 녹인다.

> **Point** 열이 발생하기 때문에 주의해야 한다. 얼음물을 사용하면 좀 더 안전하게 만들 수 있다.

3. 물에 녹인 수산화나트륨을 폐식용유에 붓는다.

4. 수저나 핸드블렌더를 이용해 섞는다.

5. 약간 걸쭉한 상태가 되면 찬밥 1/2공기를 넣고 다시 수저나 핸드블렌더로 으깨면서 섞는다.

6. 밀폐용기에 **5**를 담아서 일주일 정도 두면 딱딱하게 굳는다.

수산화나트륨

사용하는 기름에 따라 세제의 색이 달라진다. 설거지할 때 수세미에 몇 번 문지르면 거품이 잘 일어난다.

🪣 맥주 세탁 세제 만들기

1. 볼에 폐식용유 1ℓ를 붓는다.

2. 다른 용기에 물 1컵을 넣고 수산화칼륨을 1/2컵 넣는데 조금씩 넣어 섞으면서 녹인다.

   Point 열이 발생하기 때문에 주의해야 한다. 얼음물을 사용하면 좀 더 안전하게 만들 수 있다.

3. 물에 녹인 수산화칼륨을 폐식용유에 붓는다.

4. 수저나 핸드블렌더를 이용해 섞는다.

5. 밀폐용기에 담아 일주일 정도 두면 젤리 형태로 변한다.

6. 젤리 형태의 세제에 폐식용유와 같은 양인 맥주 1ℓ를 넣는다.

수산화칼륨

  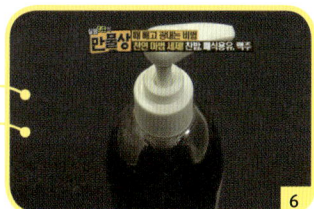

👕 달걀껍데기 천연 표백제 만들기

달걀껍데기를 버리지 말고 모아 두었다가 천연 표백제로 이용하자. 달걀껍데기의 양은 상관없으니 있는 만큼 넣어도 된다.

1. 올 나간 스타킹의 발 부분만 잘라 사용한다.

2. 달걀껍데기를 스타킹 속에 넣는다.

3. 달걀껍데기를 다 넣고 스타킹을 단단히 묶는다.

4. 세탁기에 세제를 넣을 때 달걀껍데기 주머니를 함께 넣고 세탁한다.

 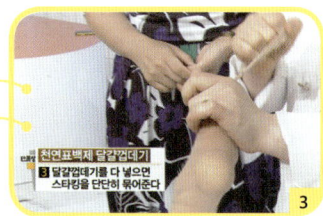

👕 오렌지껍질 천연 표백제 만들기

1. 오렌지껍질이나 귤껍질을 스타킹 속에 넣은 다음 물에 담가서 오렌지 성분을 우려낸다.

   Point 뜨거운 물에 담가 두면 더 빨리 우러난다.

2. 우려낸 물을 흰 빨래 세탁할 때 넣으면 표백제 역할을 한다.

옷에 오렌지 색이 물들지 않을까 걱정되지만 대부분의 중성 세제 성분을 보면 오렌지 성분이 들어가 있는데, 오렌지 성분이 표백제 역할을 한다.

 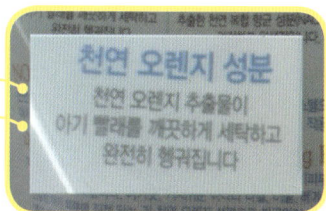

 ## 베이킹소다 바스밤 만들기

1. 오렌지를 뜨거운 물에 잠깐 담갔다 뺀 다음 베이킹소다로 닦고 식초로 헹군다.

2. 깨끗이 씻은 오렌지껍질을 벗겨 믹서에 간다.

3. 그릇에 베이킹소다 4컵, 전분 2컵, 구연산 1컵을 넣는다.

> **Point** 전분이 바스밤을 잘 뭉치게 해주고 목욕 후 피부를 부드럽게 만들어 준다. 구연산은 약산성을 띠는 피부와 산도를 맞춰 피부에 자극을 줄이기 위해 넣는다. 구연산 대신 레몬, 감귤류, 오렌지즙을 넣거나 식초를 넣어도 된다.

4. 오렌지껍질을 1/2컵 정도 넣고 재료를 잘 섞는다.

5. 올리브오일과 물을 1/2컵씩 넣고 섞은 다음 **4**에 조금씩 넣으면서 반죽하듯이 뭉친다.

6. 동그랗게 뭉친 바스밤이 딱딱하게 굳으면 사용한다.

> 아이들 목욕물에 넣어두면 재미도 있고 피부를 톡톡하게 만들어 두겠어요.

완벽한 세탁의 비법

집에서 쉽게 하는 세탁법

다양한 얼룩 제거법

망가진 옷 복원하는 비법

전자레인지로 간단 빨래하기

세탁기도 세탁을 하라

집에서 쉽게 하는 **세탁법**

보통 면 옷과 와이셔츠는 손빨래하는 것이 낫다고 생각하지만 세탁기로 세탁하는 것이 효과적이다. 옷에 묻은 때는 세척 과정보다도 탈수 과정에서 떨어져 나가기 때문인데 아무리 손빨래로 깨끗이 때를 뺐다 해도 제대로 탈수하지 않으면 때가 도로 달라붙게 된다.

🧦 세탁소 가지 않아도 되는 **니트 세탁 비법**

니트를 세탁할 때는 섬유 사이에 세제가 끼지 않도록 액체 세제를 사용한다. 헹굴 때 식초를 소주잔으로 1/2컵 넣으면 세제를 남김없이 분해할 수 있다.

1. 물에 중성 세제를 소주잔으로 1/2컵 정도 넣고 잘 섞이도록 충분히 젓는다.
2. 니트를 가지런히 접어서 구멍 뚫린 소쿠리에 넣고 세제를 푼 물에 담근다.
3. 니트가 물에 잘 가라앉도록 무거운 물건을 올려 눌러 준다.
4. 5~10분 뒤 니트를 뒤집어서 다시 담가 둔다. 니트를 조물조물 만지지 말고 소쿠리

를 들었다 났다만 해도 때가 빠진다.

5. 니트를 앞뒤로 뒤집어가며 여러 번 헹군다.

👕 집에서 하는 **초간편 건식 드라이**

겨울 외투에 먼지가 달라붙었을 때 보통 테이프를 이용하는데 자주 하게 되면 옷감의 윤기가 사라지면서 손상되기 쉽다. 외출 후에 간편하게 옷 정리를 할 수 있는 방법을 소개한다.

1. 분무기에 200ml의 물과 섬유 유연제 2작은술을 넣고 섞는다.

> **Point** 섬유 유연제에는 대전방지제가 들어 있어 먼지가 달라붙지 않게 해주고 섬유의 결까지 살려준다.

2. 섞은 물을 조금씩 옷에 뿌린다.

3. 먼지 제거용 옷솔을 이용해 분무기 뿌린 곳을 결따라 문지른다.

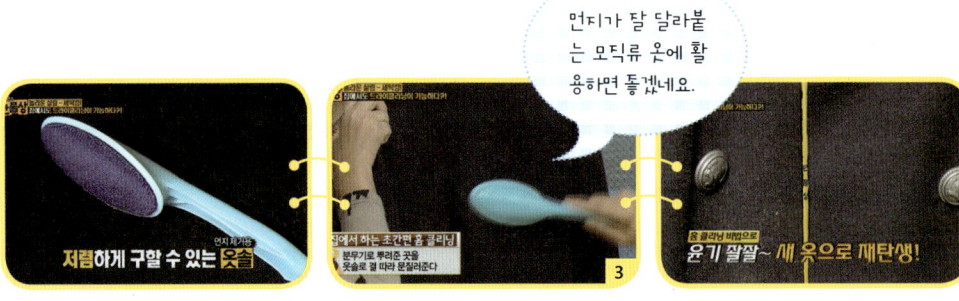

218

👕 모자 찌든 때 빼기

면 모자 안쪽에 묻은 화장품, 땀, 찌든 때를 쉽게 뺄 수 있는 쉽고 신기한 세탁법을
소개한다.

1. 찌든 때가 묻은 부분에 물을 바른다.

2. 찌든 때 부분에 클렌징폼을 묻힌 다음 바로 주방용 세제를 묻혀 준다.

3. 손톱으로 찌든 때 부분을 긁어낸다.

> **Point** 솔 종류보다는 손톱을 이용하면 때를 쉽게 지울 수 있다. 이 방법은 면 소재의 모든 옷에 적
> 용할 수 있다.

 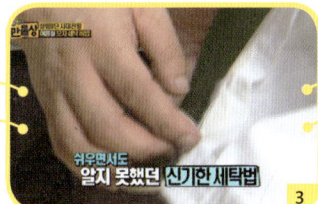 

Tip
모자를 세탁기에 넣고 일반 코스로 세탁하면 모자가 변형되고 캡 부분의 플라스틱이 부러
진다. 울코스로 세탁하면 모자의 손상을 줄일 수 있다.

알아 두면 유용한 세탁 노하우

• 물러서 먹지 못하는 양파를 와이셔츠 목 부분에 문
지르면 때가 흡착되어 쉽게 빠진다.

• **여행지에서 하룻밤 만에 양말 빨아 말리기** 샤워할
때 양말을 빨아 꼭 짠 다음 양말 속에 신문지를 넣고

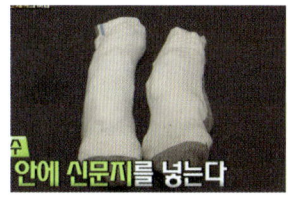

하룻밤 자면 양말이 깨끗하게 말라 있다. 이렇게 하면 날마다 갈아 신을 양말을 챙기지 않고 한 켤레만으로 여행 내내 깨끗하게 지낼 수 있다.

- **장마철에 빨래에서 나는 냄새 잡기** 섬유 유연제 대신 마지막 헹굴 때 식초 1작은술을 넣는다.

- **장마철에 빨래 말리기** 빨래건조대 아래에 신문지를 깔고 선풍기를 틀어 주면 좀 더 빨리 말릴 수 있다.

- **주머니에 휴지를 넣고 세탁해서 옷에 휴지가 잔뜩 묻었을 때** 옷에 분무기로 물을 뿌린 다음 고무장갑을 낀 손으로 옷을 슥슥 문지르면 휴지가 말끔히 제거된다.

- 일반 가루 세제 1컵+베이킹소다 1/2컵(소주잔 기준) 비율로 넣고 세탁한다. 베이킹소다가 표백 작용뿐만 아니라 합성 세제 성분까지 중화시켜 준다.

- 린스와 물을 1:5로 섞으면 섬유 유연제로 사용할 수 있다.

가죽 제품 세탁하기

바나나껍질, 왁스, 콜드크림, 우유 등으로 모든 가죽의 광택을 살릴 수 있다?
그렇지 않다. 지금 생산되는 가죽은 70~80년대 코팅가죽(나파가죽)과 달리 거의 천연가죽(베지터블 가죽)이라 바나나껍질, 왁스, 콜드크림, 우유 등을 사용해 광택을 내면 안 된다.

가죽장갑도 물 세탁할 수 있다?
물에 중성 세제를 풀어서 섞은 다음 장갑을 넣고 조물조물 주무르면서 빨면 된다. 뜨거운 물로 세탁할 때에는 먼저 찬물에 가죽장갑을 담가 안정화시킨 뒤 뜨거운 물로 세탁하면 줄지 않는다. 세탁한 다음 옷걸이를 장갑의 손가락 부분에 넣어 모양을 만들고 그늘에서 말린다.

알아 두면 유용한 다림질 노하우

다림질할 때 손에 다리미를 가볍게 쥐고, 다리미를 힘줘서 누르지 말고 다리미 무게로만 움직이면 훨씬 쉽게 다릴 수 있다.

👕 셔츠 다리는 법

먼저 깃 부분을 다리고 어깨 부분, 등판 부분을 다린다. 팔 부분은 재봉선을 기준으로 다린다. 이렇게 다림질을 하면 주름이 많이 생기는 마 셔츠도 쉽게 다릴 수 있다.

올바른 다림질 법
1 깃 부분을 먼저 다려준다

올바른 다림질 법
2 다음에 어깨부분을 다려준다

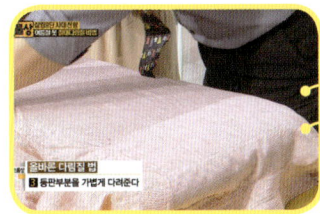

올바른 다림질 법
3 등판부분을 가볍게 다려준다

올바른 다림질 법
4 팔부분은 재봉선을 기준으로 다려준다

👕 찬밥으로 쉽게 하는 다림질

찬밥 한 덩어리로 죽을 쑨다. 세탁 마지막 단계에서 소주잔으로 두 잔 정도(100㎖)의 풀을 세탁기 섬유 유연제 넣는 구멍에 넣는다.

이렇게 하면 셔츠 4~5벌을 한 번에 풀 먹일 수 있다. 옷에 풀을 먹이면 때도 빨리 빠지고 옷에 습기가 덜 차서 다림질할 때 한 번만 다려도 잘 펴진다.

다양한 얼룩 제거법

얼룩은 종류에 따라 다른 재료를 사용해서 지워야 한다. 보통 얼룩은 식물성과 동물성으로 분류된다. 동물성 얼룩(기름 종류, 피, 달걀, 땀 등)은 일반적인 알칼리성 세제로 제거하고, 식물성 얼룩은 알칼리성 세제로 지우면 고착되거나 변색되니 식초와 주방용 세제를 1:1로 섞어 산성 세제로 만들어 제거하면 된다. 그밖에 볼펜이나 사인펜은 레몬껍질로, 커피 얼룩은 소화제로, 기름 얼룩은 콜라를 이용해 지울 수 있다.

레몬껍질 세제로 볼펜 얼룩 지우기

안전하게 세탁하기 위해서는 옷 안쪽 시접 선에 세제 테스트를 한 후 사용한다.

1. 평소에 레몬껍질을 버리지 말고 모아 둔다.
2. 용기에 레몬껍질을 넣고 레몬껍질이 잠길 정도로 중성 세제를 붓는다. 가정에서 일반적으로 사용하는 중성 세제나 주방 세제를 사용하면 된다.

3. 밀폐용기에 담아 3일 정도 숙성시켜 레몬껍질 세제를 만든다.

4. 다 쓴 칫솔 뒷부분이나 나무젓가락 끝에 레몬껍질 세제를 묻혀 볼펜이나 사인펜이 묻은 부분에 바른다. 중간중간 분무기로 물을 뿌리면서 결을 따라 누르듯이 문지른다.

> **Point** 섬유가 상하지 않도록 나무젓가락 끝을 뭉툭하게 깎아서 사용한다. 칫솔모를 이용해 세게 문지르면 섬유가 상할 수 있으니 칫솔 뒷부분을 이용한다.

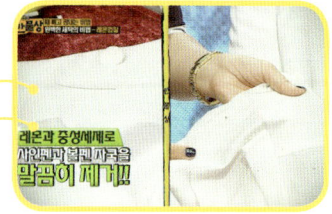

변색이 심한 **겨드랑이 부분 세탁하기**

1. 겨드랑이 부분에 물과 과산화수소를 묻힌다.

2. 칫솔에 가루 세제를 묻혀 문지른다.

3. 뜨거운 수증기로 열을 가한다.

4. 간단히 물로 헹군 다음 세탁기에 넣고 헹군다.

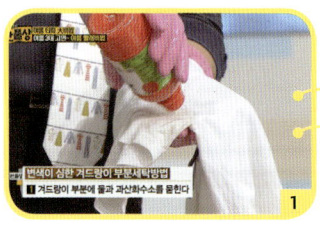
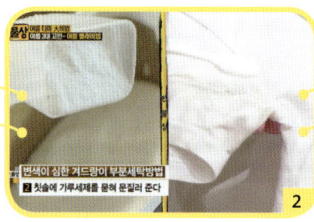

👕 콜라로 기름 얼룩 지우기

옷에 기름이 묻으면 그 즉시 콜라를 천에 묻혀 발라준 다음 3분 정도 있다가 세탁기에 넣고 빨면 말끔히 지울 수 있다. 또 기름 얼룩에 양파를 문지른 다음 세탁기에 넣고 세탁해도 된다.

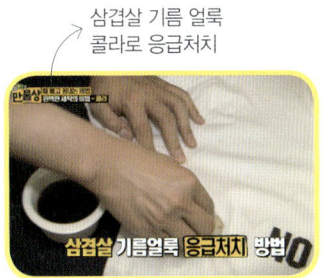

삼겹살 기름 얼룩
콜라로 응급처치

👕 소화제로 커피 얼룩 지우기

1. 커피 얼룩 위에 소화제를 가루로 으깨어 뿌린다.
2. 도포한 소화제를 나무젓가락이나 칫솔 뒷부분으로 살살 문지른다.

커피 얼룩이 오래되어 말라 있으면 먼저 분무기로 물을 뿌리고 3분 뒤에 소화제를 뿌리고 나무젓가락으로 문지른다.

누렇게 변색된 옷 세탁하기

과산화수소와 일반 세제를 이용해서 옷감의 손상 없이 깨끗하게 세탁할 수 있다. 과산화수소를 사용할 때는 고무장갑을 끼고 세탁해야 안전하다. 단 동물성 섬유, 드라이클리닝 전용 소재에는 과산화수소를 사용할 수 없다. 물의 온도는 60℃ 정도(손을 넣었을 때 뜨겁다고 느끼는 정도)로 맞춰야 때가 잘 빠진다.

1. 물에 과산화수소 20ml 한 통을 넣는다.

> **Point** 과산화수소 20ml로 와이셔츠나 티셔츠 5~7장 세탁 가능.

2. 일반 가루 세제 50ml를 넣고 물에 희석시킨다.

3. 빨래를 담그고 20~30분 두면 색이 선명해지면서 하얘진다.

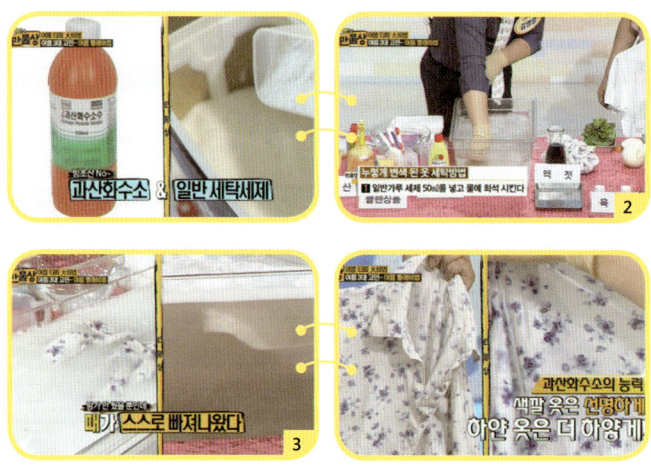

감자로 흙탕물 얼룩 지우기

흙탕물이 튄 옷을 바로 세탁기에 넣거나 물에 적셔 놓으면 안 된다. 옷에 묻은 흙탕물은 물에 젖으면 젖을수록 옷 속으로 깊숙이 파고들기 때문이다. 보통 음식물 얼룩에는 색소가 있어서 수분을 통해 얼룩이 빠져나가지만 흙탕물은 불용성 얼룩으로 가루로 되어 있다. 따라서 흙탕물이 튄 옷은 절대로 물에 적시지 말고 완벽하게 말려야 한다. 면 운동화도 마찬가지로 바싹 말려서 털어야 한다.

1. 흙탕물이 튄 옷을 그대로 헤어드라이어로 완벽하게 말린다. 완전히 다 말린 다음 털기만 해도 흙탕물의 90%가 떨어져 나간다.
2. 아직 지워지지 않은 얼룩을 감자로 문질러 전분이 옷 안으로 배게 한다.
3. 얼룩 부분에 주방 세제를 옷에 묻힌 다음 비벼 문지르고 물로 씻어낸다.

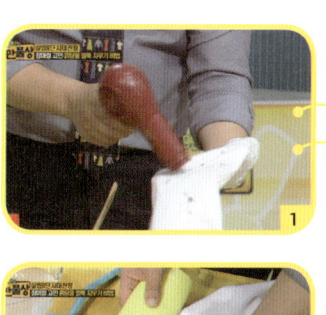
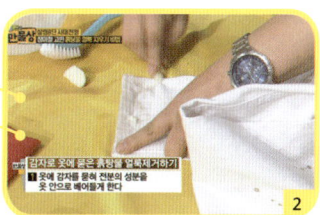

망가진 옷 복원하는 비법

늘어진 니트 소매 복원하기

1. 늘어난 소매에 바느질을 한다.

2. 줄일 크기만큼 실을 당겨 틀을 잡아준다.

3. 분무기에 찬물 1컵과 섬유 유연제 1큰술을 넣고 섞는다.

4. 3을 소매 부분에 뿌린다.

5. 소매 부분 바로 위에 스팀을 1~2분 쏘인다.

너무 신기해요.

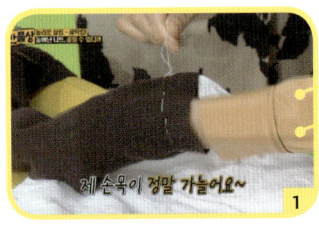

늘어난 목 부분의 경우 바느질로 틀을 잡아주지 못하면 목 부분을 둥그렇게 모아 모양을 잡은 후 물+섬유 유연제를 뿌리고 스팀을 쏘이면 된다. 단, 100% 울 소재나 모(毛)가 많이 섞인 섬유에만 가능하다.

👕 줄어든 니트 복원하기

1. 니트가 잠길 정도의 따뜻한 물에 린스를 두 번 펌핑해 풀어 준다.

2. 줄어든 니트를 린스 물에 담그고 살살 주무른다.

3. 5분 후에 니트를 꺼내 물기를 제거한다. 수건으로 니트를 감싸 꾹꾹 눌러 주면서 물기를 빼거나 약한 탈수를 2분 정도 한다.

4. 물기 뺀 니트를 결대로 살살 손으로 늘려 주면 원래 크기로 늘어난다.

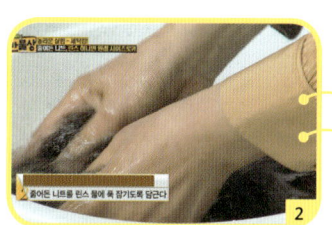
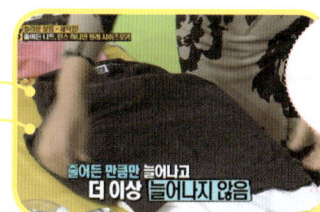

이런 간단한 방법이 있는지 모르고 줄어든 온 조카 됐어요.

👕 니트 보풀 제거하기

1. 니트를 평평하게 편다.

2. 니트의 겉면을 눈썹칼로 살살 긁어내면 보풀이 제거된다.

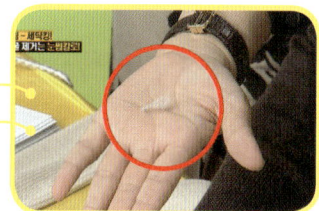

👕 무릎 나온 바지 복원하기

이 방법은 면, 마 등의 천연 소재 바지에 가장 효과적이지만 폴리에스터 소재에도 적용할 수 있다.

1. 무릎 나온 바지를 뒤집어 평평하게 편다.

2. 분무기에 물 1컵을 넣고 적당량의 물풀을 짜준다.

3. 분무기를 흔들어 물과 풀을 잘 섞는다.

4. 무릎 나온 부분에 안개처럼 조금씩 뿌린다.

> **Point** 풀을 너무 많이 뿌리면 옷이 딱딱해져서 오히려 불편할 수 있다.

5. 무릎 부분을 잘 펴서 다림질한다. 이렇게 물풀을 뿌리면 이후에도 무릎 부분이 잘 튀어나오지 않는다.

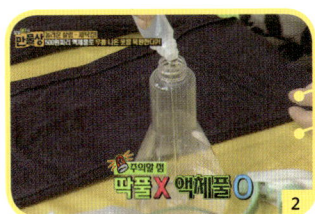  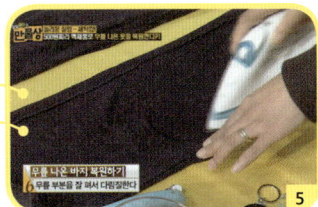

👕 다리미 자국 없애기

다림질을 하다 잠깐 한눈 팔아서 다리미 자국이 났을 때 과산화수소를 다리미 자국 위에 골고루 뿌려 상온에 두기만 하면 된다. 과산화수소가 표백 작용을 하기 때문이다. 혈액이나 녹슨 철이 묻었을 때도 효과적이다.

전자레인지로 간단 빨래하기

전자레인지를 사용해 간단한 빨래를 해결하는 비법을 소개한다. 전자레인지를 사용할 때에는 30cm 정도 떨어져 있어야 전자파로부터 안전하다.

행주 삶기

1. 행주를 물에 적셔서 비닐봉지에 넣는다.
2. 약간의 베이킹소다를 골고루 뿌리고 주방용 중성 세제를 약간 넣는다.
3. 행주가 젖을 정도의 물을 넣고 비닐봉지 입구를 완전히 묶지 말고 살짝 묶는다.
4. 행주를 넣은 비닐봉지를 전자레인지(700W)에 넣고 3분 정도 돌린다.

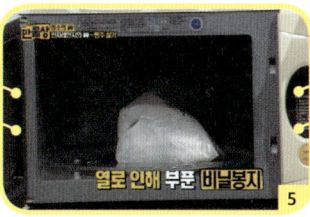
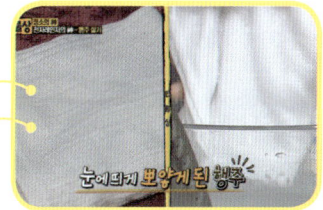

5. 전자레인지 문을 열어 열기를 뺀 다음 행주를 꺼내서 맑은 물에 헹구면 된다.

속옷 삶기

1. 속옷을 물에 충분히 적신다. 단 브래지어나 장식이 달린 속옷은 피한다.

2. 고무 재질은 접어서 안쪽으로 넣어 준다.

3. 납작한 용기에 속옷을 넣고 약간 잠길 정도로 물을 넣어 준다.

4. 전자레인지에 넣고 5분간 돌려준다.

5. 꺼내서 깨끗한 물에 한 번만 헹구면 된다.

전자레인지로 새 비누 만들기

1. 쓰다 남은 비누 조각들을 우유팩에 넣는다.
2. 우유팩에 소량의 물을 넣는다.
3. 우유팩을 전자레인지에 넣고 먼저 30초 정도 돌려서 녹는 정도를 확인한 다음 시간을 늘려 돌린다.
4. 비누가 한 덩어리가 되면 우유팩을 찢어 사용한다.

Tip 비누가 액체가 되면 그대로 말려서 쓰면 된다.

🎽 장마철 냄새나는 옷 냄새 제거하기

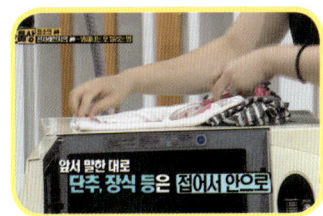

면 소재의 옷만 이용할 수 있고, 지퍼 달린 옷은 전자레인지에 넣으면 안 된다. 건조되는 것은 아니지만, 전자레인지에 돌리고 나서 말리면 금방 건조할 수 있다.

1. 옷에 달린 단추, 장식, 프린트 등이 보이지 않도록 안쪽으로 접는다.

2. 전자레인지에 넣고 1분간 돌린다.

> **Point** 처음 시도할 때는 먼저 30초만 돌려본 후 사용한다.

3. 옷을 꺼내서 한 번 털고 다시 넣어서 돌려 주기를 3번 반복한다.

4. 마지막으로 털어서 말리면 냄새 제거는 물론 살균까지 된다.

Tip

전자레인지 청소법
물과 식초를 섞어 전자레인지에 넣고 5분간 돌린다. 오렌지껍질이나 녹차 티백, 커피가루 등을 넣고 돌려도 좋다.

세탁기도 세탁을 하라

 ## 천 원으로 **통돌이 세탁기 청소하기**

세탁조 청소를 하지 않으면 세균과 곰팡이의 온상이 되기 쉽다. 특히 습기가 많은 여름철에는 한 달에 2~3번 정도 세탁기 청소를 해주는 것이 좋다.

1. 세탁기에 따뜻한 물을 채우고 천 원짜리 빙초산 한 병을 부은 다음 하룻밤 지낸다.

> **Point** 빙초산을 다룰 때는 고무장갑을 껴야 안전하다.

2. 다음 날 세탁기 안에 걸레를 넣고 작동시키면 세탁기 안에 쌓인 때가 빠져 나온다. 걸레가 세탁기 내부를 돌아다니면서 닦아 주는 역할을 한다.

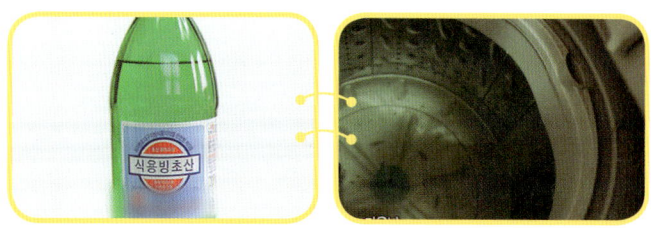

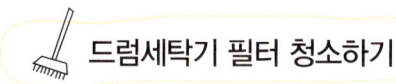 **드럼세탁기 필터 청소하기**

드럼세탁기 아래쪽에 있는 필터에 머리카락이나 먼지 등의 이물질이 모이기 때문에 수시로 청소해야 한다. 오랫동안 청소하지 않으면 필터가 썩어서 냄새가 심하게 난다.

1. 세탁기에서 필터를 분리한다.
2. 식초와 베이킹파우더를 1:1로 섞어서 칫솔에 묻힌 다음 필터 안을 구석구석 닦는다.
3. 한 달에 한두 번 걸레를 넣고 삶음 코스로 세탁하면 내부 살균도 되면서 소독도 할 수 있다.

때 빼고 광 내는 청소의 비법

신통방통한 청소기

세끼 밥 먹는 것처럼 청소도 매일 해야 한다. 보통 눈에 보이는 먼지는 기침을 통해 밖으로 쉽게 빠져나와 크게 위험하지 않지만, 눈에 보이지 않는 미세먼지는 폐 속에 박혀 밖으로 나오지 않는다. 또한 매트리스나 침구류에 서식하는 집먼지 진드기는 알레르기성 피부 질환과 호흡기 질환을 유발해서 이런 질환을 앓는 사람에게 치명적일 수 있다. 인간이 쾌적하게 살 수 있는 환경은 진드기에게도 최적의 환경이라고 할 수 있다. 보통 침구류에 100~200만 마리의 집먼지 진드기가 사는데 6개월간 청소를 하지 않으면 그 수가 5~6배나 증가한다. 특히 여름철에는 습한 공기나 에어컨 필터에 사는 레지오넬라균 등에 의해 폐렴 등의 질병에 걸리는 경우가 많다. 매일 청소만 깨끗이 해도 질병에 걸릴 확률을 줄일 수 있으니 너무 걱정하지 말자. 청소할 때에는 미세먼지를 들이마시지 않도록 방진 마스크를 꼭 착용하도록 한다.

흔히 바닥의 먼지를 빨아들이는데만 사용하는 진공청소기를 활용해 늘 먼지 걱정이 되는 카펫, 방충망 청소법을 소개한다.

🧹 카펫 청소하기

1. 카펫에 굵은 소금을 골고루 뿌린다.

> **Point** 소금은 살균 효과가 있고 먼지를 흡착해준다.

2. 소금이 카펫 사이로 스며들 수 있도록 부드러운 솔로 문지른다.

3. 5분 정도 기다렸다가 카펫의 결을 따라 진공청소기로 빨아들인다.

카펫 얼룩 지우기

1. 카펫 얼룩 부분에 분무기로 물을 충분히 뿌린다.

2. 얼룩 부분에 주방 세제나 치약을 묻혀 칫솔로 문지른다.

3. 얼룩 부분에 키친타월이나 수건을 덮고 진공청소기로 빨아들인다.

> **Point** 물 뿌린 얼룩을 청소기로 바로 빨아들이면 물기가 청소기로 들어갈 수 있으니 키친타월이나 수건을 덮고 빨아들인다.

방충망 청소하기

까다로운 방충망 청소, 생각보다 쉽게 할 수 있다. 진공청소기를 사면 딸려 오는 브러시를 청소기 흡입구에 끼워 먼지를 털면서 빨아들이면 된다.

에어컨 필터 청소하기

에어컨 필터를 청소하지 않으면 냉방 효율이 떨어질 뿐 아니라 실내 공기가 오염될 수 있으니 반드시 청소해야 한다. 하루 8시간씩 사용하면 최소한 1~2주일에 한 번은 필터 청소를 해야 한다. 방충망과 마찬가지로 청소기 입구 부분에

브러시를 끼워 먼지를 빨아들인다. 에어컨 필터를 물로 세척하면 말리는 시간이 필요한데 청소기로 청소하면 바로 쓸 수 있어 좋다.

찌든 때·냄새 잡는 **베이킹소다**

베이킹소다는 빵이나 과자를 만들 때 밀가루를 팽창시키며 음식의 맛을 좋게 하고 고기의 육질을 연하게 해서 소화가 잘 되도록 돕는 천연 식품첨가물이다.

또 베이킹소다는 찌든 때를 벗겨내거나 냄새를 없애주는 효과가 뛰어나다. 베이킹소다는 나트륨 이온과 탄산수 이온으로 분해되어 물에 자연스럽게 녹기 때문에 인체에는 물론 환경에도 무해하다.

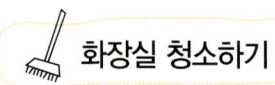 **화장실 청소하기**

베이킹소다를 욕조와 변기에 골고루 뿌려 닦아 주면 찌든 때 제거는 물론 냄새까지 없앨 수 있다.

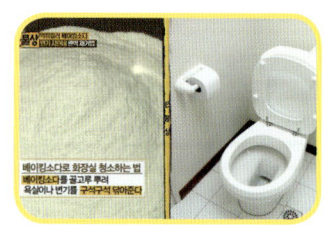

가스레인지 찌든 때 닦기

1. 가스레인지 위에 따뜻한 물을 뿌린 다음 베이킹소다를 뿌린다.

2. 수세미로 살살 닦는다.

Point 기름 때와 찌든 때는 닦을 수 있지만 오래된 녹은 제거하기 힘들다.

> 힘주지 않아도
> 훅~ 닦이네요~

 ## 냄비 물때 닦기

1. 젖은 수세미에 베이킹소다를 묻혀 냄비를 닦는다.

2. 닦은 냄비를 미지근한 물로 헹구면 반짝반짝 윤이 난다.

🖐 도마 냄새 제거하기

1. 미지근한 물에 도마를 담그고 수세미로 문질러 닦는다.

2. 도마 위에 베이킹소다를 뿌린다.

3. 도마에 식초를 뿌려 베이킹소다와 희석한다.

4. 수세미로 힘을 줘서 도마를 닦아낸 다음 미지근한 물로 깨끗이 헹군다.

5. 도마를 햇빛에 말리면 냄새까지 완벽하게 제거된다.

🖐 김치통 냄새 제거하기

1. 김치통에 베이킹소다를 3큰술 정도 넣는다.

2. 따뜻한 물을 김치통에 붓는다.

3. 손으로 저어 베이킹소다를 녹인다.

   Point EM을 첨가하면 냄새를 더 잘 잡을 수 있다.

4. 하루 정도(최소 9시간 이상) 김치통을 놔뒀다 헹군다.

방송 중에 1시간 30분 경과 후에 냄새를 확인하니 냄새가 거의 사라졌다.

탈취제 만들기

1. 베이킹소다, 쑥가루, 옥수수전분을 섞는다.

2. 좋아하는 아로마오일을 넣어 향을 첨가한다.

3. 작은 병에 옮겨 담아 망을 씌워서 옷장, 욕실, 신발장 등 곳곳에 놓는다.

Point 탈취뿐만 아니라 제습 효과도 얻을 수 있다.

  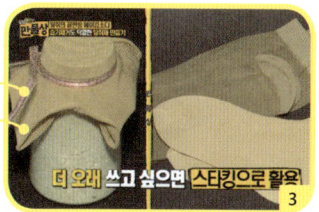

천연 주방 세제 만들기

1. 물에 유근피를 넣고 검붉은 색이 되도록 끓인다.

2. 우려낸 유근피 물에 쌀뜨물을 1:1 또는 6:4 비율로 섞는다.

3. 뜨거울 때 베이킹소다를 적당량 넣는다.

4. 완성된 주방 세제를 물에 희석해 사용한다.

Point 유근피를 구하기 어려우면 감자껍질을 우린 물에 베이킹소다를 섞어서 사용해도 된다.

유근피. 느릅나무 뿌리의 껍질. 코나무로도 불리며 끓이면 끈적한 진액
이 나온다. 피부염, 진균, 비염, 축농증 치료에 탁월하다.

🕊 가글액 만들기

- 물 1컵에 베이킹소다 1작은술을 넣으면 가글액 완성. 가글액으로 가글한 다음 깨끗한 물로 헹군다.
- 칫솔 위에 치약을 짠 다음 베이킹소다를 약간 뿌려 양치질하면 미백 효과가 있다.

🕊 각질 제거하기

1. 대야에 따뜻한 물을 붓고 베이킹소다 1~2큰술을 넣어 섞는다.

   Point 식초를 첨가하면 피부 재생 효과가 있다.

2. 발을 넣고 10분 정도 놔둔다.

3. 베이킹소다와 물을 1:1 비율로 개어서 발에 세게 문지르면 각질이 벗겨진다.

   Point 너무 자주 하면 표피를 자극해서 오히려 더 안 좋을 수 있으니 주의하자.

다 쓴 제습제 재활용하는 법

1. 제습제의 윗부분 종이를 뜯은 다음 물을 버린다.
2. 염화칼슘을 넣고 거즈를 덮고 뚜껑을 닫는다.

   Tip 염화칼슘 대신 소금+베이킹소다를 넣어도 된다.

탈취 & 세척의 마법, 커피찌꺼기

커피 열매의 세포벽은 셀룰로스로 되어 있어 많은 구멍을 갖고 있는데 찌꺼기 상태가 되면 표면적이 넓어져서 더 많은 것을 흡착할 수 있다. 또 커피찌꺼기는 냄새를 일으키는 분자를 흡수하는 동시에 냄새를 덮는 탈취 효과가 뛰어나다. 그리고 커피에는 지방이 11~16% 포함되어 있어 코팅 효과도 있다. 우리나라의 수많은 커피전문점에서 버리는 커피찌꺼기가 연간 27만 톤이나 된다고 하는데 커피찌꺼기를 세척제와 탈취제로 활용하면 쓰레기를 줄이는 효과도 얻을 수 있다.

커피원두로 커피 초 만들기

원두 여러 알을 올려 놓을 수 있을 정도로 큰 초를 사용한다. 초 윗부분에 오래된 원두를 올려 놓는다. 단 심지 가까이에는 원두를 놓지 않는다. 심지에 불을 붙이면 심지가 타면서 원두를 태워 커피 향이 난다.

💧 설거지하기

커피찌꺼기를 그릇에 가득 올려놓고 키친타월로 문지르면 설거지하기 힘든 기름 묻은 그릇도 쉽게 닦을 수 있다.

캠핑갈 때 사용하면 정말 좋겠어요. 환경에도 좋구요.

✋ 프라이팬 기름 닦기

1. 기름이 잔뜩 묻은 프라이팬에 바싹 말린 커피찌꺼기를 넉넉하게 뿌린다.

   Point 기름기를 닦을 때에는 바싹 마른 커피찌꺼기를 사용해야 한다.

2. 물 없이 키친타월로 커피찌꺼기를 살살 문지른다.

3. 사용한 커피찌꺼기를 프라이팬 옆 부분 기름 제거에 재활용한다.

뽀득뽀득 소리가 나요~ 너무 신기해요.

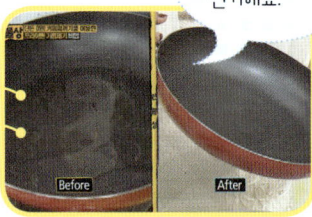

반찬통 묵은 냄새 제거하기

1. 헌 스타킹에 바짝 말린 커피찌꺼기를 넣는다.

2. 커피찌꺼기를 넣은 스타킹을 미지근한 물에 담가서 우려낸다.

   Point 찬물보다는 미지근한 물에서 더 빨리 우려난다.

3. 냄새나는 플라스틱 용기에 커피찌꺼기를 담은 스타킹과 우려낸 물을 넣는다.

4. 뚜껑을 덮고 3시간 정도 놓아둔다. 냄새가 심한 경우 6~12시간 담아 두면 냄새가 완벽하게 사라진다. 거꾸로 뒤집어 놓으면 뚜껑의 냄새도 제거할 수 있다.

반찬통 냄새 간단히 제거하기

말도 안돼! 냄새가 하나도 안나요!

물기가 약간 있는 반찬통에 젖은 커피 찌꺼기를 넣고 문지른 다음 물로 헹구면 된다.

스테인리스 냄비 불 때 제거하기

1. 냄비에 물을 적신 다음 커피찌꺼기를 충분히 묻힌다.

2. 커피찌꺼기를 묻힌 부분을 수세미로 살살 문지른다.

> **Point** 냄비를 물에 충분히 불리면 더 잘 닦인다.

3. 달걀껍데기를 부숴서 함께 문지른다.

 ## 냄비에 탄 자국 제거하기

1. 냄비에 먹고 남은 각종 과일껍질과 물을 넣고 끓인다.

> **Point** 과일껍질은 물론 과일 통조림액, 식초, 레몬즙 등 산성 성분이 들어 있는 물질을 넣고 끓이면 효과적이다.

2. 충분히 팔팔 끓인 다음 불을 끄고 10분 정도 방치한다.

3. 끓인 물을 버리고 냄비에 커피찌꺼기와 달걀껍데기를 충분히 넣은 다음 수세미로 문지른다.

🪶 싱크대 거름망 닦기

1. 커피찌꺼기를 거름망에 솔솔 뿌린다.

2. 고무장갑을 끼고 거름망을 닦은 다음 물로 헹구면 거름망이 깨끗해진다.

Tip

커피찌꺼기로 싱크대 찌든 때 닦기

1. 커피찌꺼기를 싱크대에 뿌리고 고무장갑을 끼고 닦는다.

2. 안 쓰는 솔이나 칫솔로 한 번 더 문질러 닦은 다음 물로 헹군다.

🪶 음식물 쓰레기통 냄새 제거하기

정말 냄새가 안 나요~

음식물 쓰레기통 바닥에 커피찌꺼기를 과감하게 뿌린다. 커피찌꺼기가 국물을 흡수하면서 냄새도 잡아준다. 쓰레기통을 햇빛에 어느 정도 말린 다음 커피찌꺼기로 닦아 내면 완벽하게 냄새가 제거된다. 비닐봉투에 커피찌꺼기를 넉넉히 담

고 쓰레기통 뚜껑의 고무 패킹을 넣은 다음 3일 정도 두면 냄새가 완전히 없어진다.

쓰레기통 냄새 제거하기

1. 신문지를 반으로 접어 쓰레기통 안에 넣는다.

2. 신문지 위에 커피찌꺼기를 넣고 다시 신문지를 덮는다.

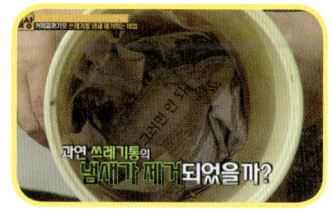

 ## 우산의 녹 제거하기

마른 수건에 커피찌꺼기를 묻혀 녹슨 우산살을 닦는다. 간단하게 몇 번 닦으면 깨끗하게 녹을 제거할 수 있다. 단, 우산살처럼 알루미늄이 들어간 물건의 녹만 제거할 수 있다.

초스피드 커피 방향제 만들기

1. 젖은 커피찌꺼기를 넓은 그릇에 펴서 담는다.

2. 전자레인지에 **1**을 넣고 1분간 돌린다.

커피찌꺼기를 전자레인지에서 말리는 과정에서 집 안에 커피 향이 퍼진다. 이렇게 바짝 말린 커피찌꺼기는 앞에서 소개한 방법대로 활용한다.

클렌징오일 만들기

1. 스타킹에 커피찌꺼기를 넣고 적은 양의 물에 진하게 우린다.

2. 올리브오일을 1~2방울 넣는다.

3. 화장솜에 묻혀서 사용하면 된다.

커피찌꺼기에 있는 기름 성분이 화장품을 지워준다. 또 카페인 성분은 피부 염증을 진정시키는 작용을 해 과민성 피부나 지성 피부를 가진 사람이 활용하면 좋다.

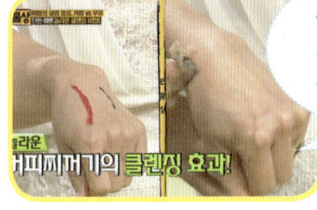

아이라이너와 립
스틱이 감쪽같이
사라졌어요.

마법의 살림 음료, 우유

보통 신선한 우유에는 산성과 알칼리성이 같이 있는데 우유가 상하면 암모니아가 생성되면서 알칼리성만 남게 된다. 따라서 세척력이 좋아지고, 상하면서 젖산이 생겨서 물질을 부식시키는 효과도 갖게 된다. 우유의 유지방에 의해 세척 효과가 나타나기 때문에 무지방이나 저지방 우유보다는 지방이 들어 있는 우유를 사용하는 것이 좋다.

상한 우유 구별법

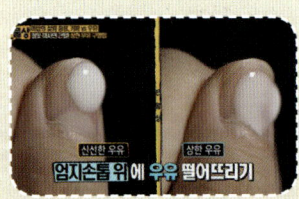

▶ 유리컵에 물을 담고 우유를 한 방울 떨어뜨린다. 신선한 우유는 바로 섞이지 않는 반면 상한 우유는 바로 물에 퍼진다.

▶ 엄지 손톱에 우유를 한 방울 떨어뜨리면 신선한 우유는 방울로 맺혀 있는 반면 상한 우유는 확 퍼진다.

상한 우유로 때 빼고 광 내기

• 행주나 키친타월에 상한 우유를 묻혀 녹슨 베이킹 틀을 닦는다.

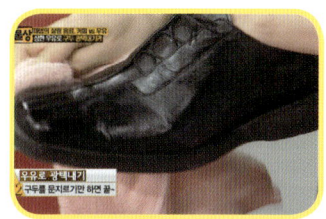

• 마른 수건에 상한 우유를 묻혀 구두를 닦으면 반짝반짝 광택이 난다. 마른 수건으로 한 번 더 닦으면 끝. 단, 100% 천연 가죽은 우유를 흡수해서 닦을 수 없다.

세균 걱정없는 초간편 우유팩 도마

1. 깨끗이 닦은 우유팩의 한 옆면을 자른 다음 밑바닥을 잘라낸다.
2. 양쪽을 잘 다듬어 직사각형을 만든다.
3. 냄새나는 김치를 썰 때나 생선이나 고기를 다듬을 때 사용하면 좋다.

도마로 사용한 뒤 우유팩의 필름지를 살살 벗긴다. 우유팩을 2~3겹으로 갈라 차곡차곡 모으면 키친타월로 활용할 수 있다. 우유팩 종이타월 1장＝일반 키친타월 5장의 두께라서 기름기 잡는 데 정말 좋다.

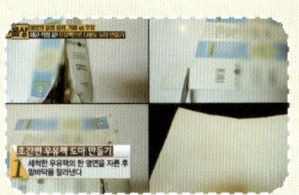

김치 썰 때 유용한 우유팩 도마

우유팩 종이타월 만들기

• 화장솜에 상한 우유를 묻혀서 운동화 앞의 고무 부분을 닦으면 깨끗해진다.

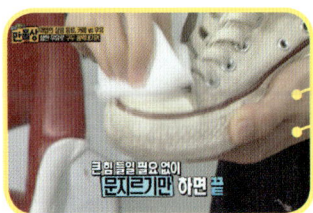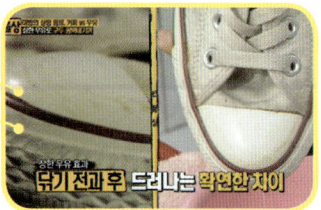

• 화장솜이나 키친타월에 상한 우유를 적셔서 스티커를 떼고 남은 끈끈한 자국에 붙여 놓고 1~2분 후에 닦으면 말끔히 제거된다.

• 100% 면 소재의 천에 묻은 볼펜 자국은 칫솔에 상한 우유를 묻혀 살살 문지르면 지워진다.

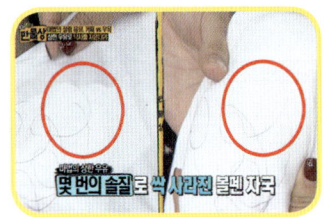

장마철 물 없이 청소하는 법

 천일염으로 청소하기

1. 장마철에 습기를 머금은 천일염을 프라이팬에 덖는다. 소금이 튈 때까지 덖으면 된다.

   Point 소금을 덖으면 팬이 망가지니 망가진 프라이팬을 활용한다.

2. 다시팩에 천일염을 넣은 다음 입구를 봉한다.

3. 습기의 정도에 따라 천일염의 양을 조절해서 집안 곳곳에 놓는다.

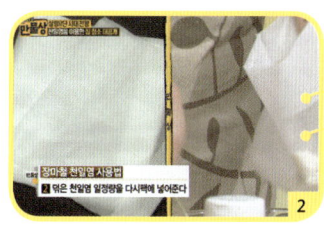
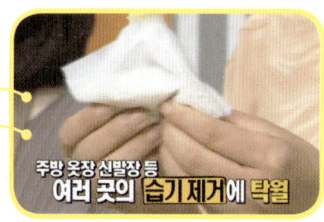

이렇게 사용한 소금이 눅눅해지면 거실 장판에 뿌린다. 걸레를 이용해 장판을 가볍게 문질러주면 장판의 때를 제거할 수 있다. 장판의 때를 제거한 천일염을 현관 입구에 다시 뿌려서 청소한다.

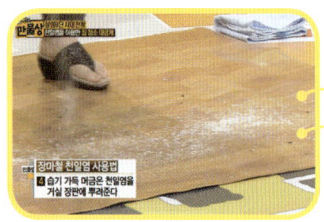 

 Tip
천일염을 이용한 다리미 바닥 청소법
신문지 위에 천일염을 놓고 열이 있는 다리미 바닥을 문지른다.

린스로 욕실 청소하기

1. 수건에 적당량의 린스를 덜어 비벼 준다.

2. 거울, 수전, 샤워기, 샤워부스, 세면대, 배수구 등 물때 낀 부분과 얼룩진 부분을 가볍게 문질러주면 끝. 린스의 코팅 성분이 막을 형성해 반짝반짝 윤이 난다.

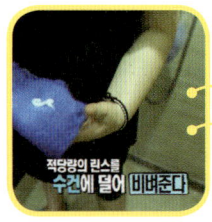 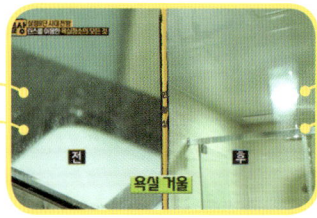 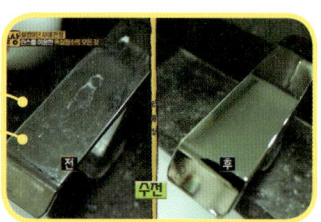

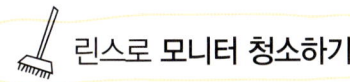

린스로 모니터 청소하기

1. 적당량의 린스를 부드러운 천(극세사나 융이 좋다)에 덜어 비벼 준다.

2. 린스를 묻힌 천으로 모니터나 유리창 등을 부드럽게 문질러 닦아 준다.

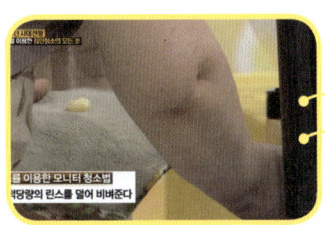
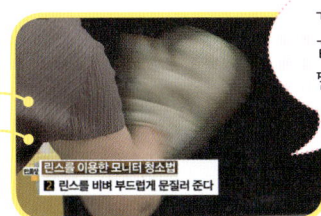

> 거품이 날 것만 같은데 깨끗하게 닦이네요.

습기 & 곰팡이를 잡아라

- 뻣뻣한 종이를 신문지로 감싼 다음 테이프를 붙이고 바지걸이에 끼워 옷 사이사이에 걸어 준다.
- 장롱이나 옷장 서랍에 신문지를 깔아 놓으면 신문지가 습기를 흡수한다.
- 나무가 습기를 빨아들이므로, 나무 이쑤시개 2~3개를 조미료통에 꽂아둔다. 녹말 이쑤시개로는 제습 효과를 볼 수 없다.
- 비 오는 날 젖은 신발과 우산을 현관에 그냥 두면 현관이 젖는데 신발이나 우산을 벽돌 위에 올려 두면 벽돌이 물기를 다 흡수한다. 단, 벽돌이 물기를 너무 많이 머금으면 다시 뱉어낼 수 있는데 이럴 때에는 벽돌을 햇빛에 한 번 말려서 사용한다.
- 여름철에 습기 제거를 위해 보일러를 틀 때는 꼭 맑은 날 창문을 열어 놓고 가동한다. 창문을 닫은 채 보일러를 가동하면 바닥에 있던 습기가 공중으로 떠오르면서 곰팡이균도 같이 퍼질 수 있다. 환기가 잘 안 되는 공간에서는 선풍기를 틀어 바람을 배출시켜야 한다.

뻣뻣한 종이를 신문지로 감싼다

벽돌이 신

Chapter

11

수납 & 재활용 비법

기적의 옷장 정리

주부들의 골칫거리 중 하나인 옷장과 서랍 정리, 며칠만 신경 쓰지 않으면 금세 엉망이 되기 쉽다. 평소 옷을 정리하는 습관을 들이고 잘 정돈하는 요령만 알면 항상 말끔한 상태를 유지할 수 있다. 옷을 정리하는 비법 3단계는 1 정리, 2 정돈, 3 유지. 수납공간이 대부분 네모 모양이기 때문에 어떤 옷이든지 3등분해서 네모 모양으로 접으면 옷 원래의 상태를 유지하면서 깔끔하게 보관할 수 있다.

부피를 줄여 겨울 이불 보관하는 법

1. 이불 크기보다 훨씬 큰 김장봉투에 겨울 이불을 넣는다.
2. 이불 넣은 김장봉투의 입구를 손으로 잡는다.
3. 진공청소기 입구를 김장봉투에 넣는다.
   Tip 청소기 입구에 비닐이 빨려 들어가지 않도록 주의한다.
4. 청소기를 처음에는 약하게 작동시키고 이불을 눌러 준다.
5. 세기를 강으로 바꿔서 공기를 뺀 다음 청소기 입구를 재빨리 뺀다.
6. 봉투가 벌어지지 않도록 묶은 부분을 중심으로 2~3군데 테이프를 붙인다.

이사 갈 때 활용해도 좋겠네요.

👕 3초 만에 옷 개기

1. 반팔티셔츠를 옆으로 펼쳐 놓는다.

2. 왼손으로 한쪽 어깨선의 이등분 지점을 잡는다.

3. 그 점에서 수평으로 상상의 선을 긋는다.

4. 오른손으로 그 선의 이등분 점을 잡는다.

5. 티셔츠를 들어 올리면서 어깨선을 잡은 왼손으로 상상의 선 끝 부분(Ⓐ)을 잡는다.

6. 탁탁 털어 각을 잡은 다음 그대로 접는다.

정말 쉬운 방법
인데 그동안 왜
몰랐을까요?

👕 노트를 활용한 옷 개기

1. 티셔츠 등판 목선에 맞춰 노트(책받침)를 놓는다.

2. 노트 크기에 맞춰 양쪽 소매와 옆선, 밑선을 접는다.

3. 티셔츠 목으로 노트(책받침)를 뺀다.

4. 반으로 접어 서랍에 세워서 수납한다.

아이들과 함께 정리하
면 좋겠어요. 누가 먼저
하나 게임도 하면서요.

 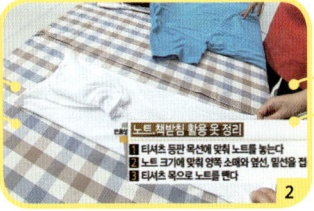 

🩳 바지 개기

1. 지퍼 부분을 안쪽으로 해서 바지를 길게 반으로 접는다.

2. 튀어나온 엉덩이 부분을 안쪽으로 넣어 긴 직사각형을 만든다.

3. 긴 직사각형 바지를 반으로 접은 다음 다시 3등분해서 접는다.

4. 서랍에 바지를 세워서 수납하면 바지의 뒷부분(주머니 등의 브랜드 표시)이 보여서
쉽게 찾을 수 있다.

  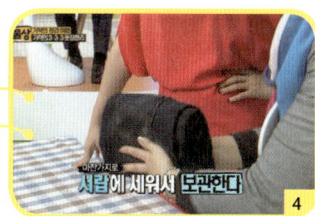

👕 팬티 개기

사각팬티 개기

1. 팬티를 세로로 3등분해 접는다.

2. 접은 팬티를 가로로 3등분한다.

3. 양말 개듯이 팬티 고무줄 안으로 밑단을 접어 넣는다.

삼각팬티 개기

1. 팬티를 세로로 3등분해 바깥쪽으로 접는다.

2. 접은 팬티를 가로로 3등분한다.

3. 앞부분 장식이 잘 보이도록 고무줄 안으로 밑
단을 접어 넣는다.

👕 옷걸이를 활용한 니트 정리법

1. 니트를 바깥쪽으로 반 접는다.

2. 옷의 겨드랑이 부분을 세탁소 옷걸이 목에 건다.

3. 옷이 흘러내리지 않도록 니트 아랫부분과 팔 부분을 옷걸이 안쪽으로 넣는다.

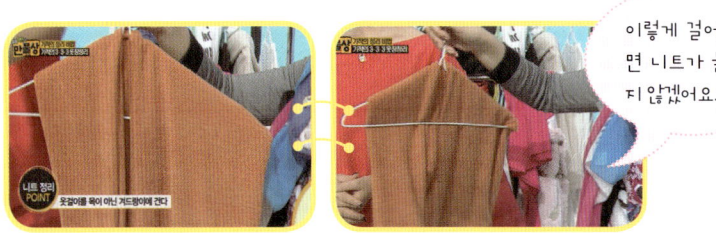

이렇게 걸어 놓으면 니트가 늘어나지 않겠어요.

👕 옷 정리만으로 옷장 넓히는 비법

1. 쓸데없이 공간을 차지하는 빈 옷걸이를 꺼낸다.

2. 세탁소 옷걸이를 활용해 짧은 옷을 먼저 행거에 건다.

3. 단어장에 끼우는 고리를 옷걸이 목에 걸고 고리에 옷걸이를 하나 더 건다.

   Point 정장 상의를 건 옷걸이에 이런 식으로 바지나 치마를 세트로 걸어 놓으면 찾아 입기 쉽다.

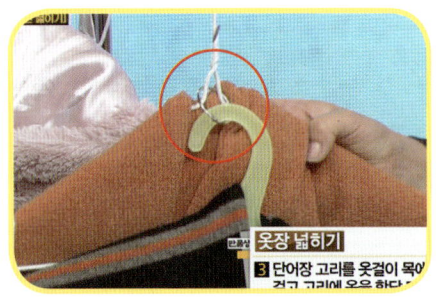

👕 두꺼운 패딩 정리법

동물성 충전재(거위털, 오리털 등)를 채운 패딩류는 꽉 접거나 압축 팩에 보관하지 않는다. 나중에 압축을 풀었을 때 예전 부피로 복원되지 않을 수 있기 때문이다. 두꺼운 패딩을 보관하는 방법을 소개한다.

1. 패딩의 지퍼를 채우고 고르게 편다.

2. 후드와 양쪽 소매를 안쪽으로 접어 네모를 만든다.

3. 위쪽부터 시작해서 밑단까지 단단히 돌돌 말아 준다.

4. 말아 둔 상태에서 끈으로 묶어 고정한다.

5. 종이봉투의 손잡이 부분을 자르고 돌돌 말은 패딩을 세워서 넣은 다음 옷장 아래쪽에 옷을 걸고 남는 공간에 보관하면 된다.

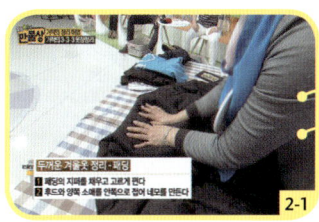

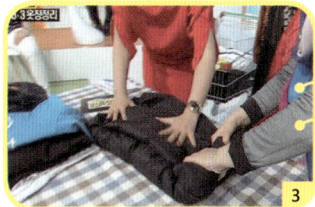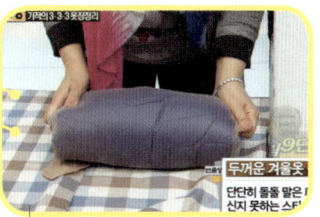

올이 나가 신지 못하는
스타킹 안에 말아 둔 패딩을 넣으면
간단히 부피를 줄일 수 있다.

종이 박스로 수납 해결하기

택배 박스, 과자 박스, 커피 박스, 신발 박스, 포장 박스 등 버리기 아까운 튼튼한 종이 박스를 활용한 다양한 수납 비법을 소개한다. 따로 돈 들이지 않아도 되니 집안 경제에 보탬이 되고 버려지는 박스를 재활용하니 환경에도 이롭다.

 ## 과자 박스를 활용한 **전선 정리법**

1. 과자 박스의 양쪽 끝을 전선이 들어갈 만큼 자른다.
2. 플러그를 박스 밖으로 빼고 전선은 깔끔하게 접어 박스 안에 넣는다.

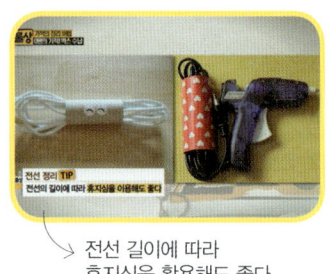

전선 길이에 따라
휴지심을 활용해도 좋다.

신발 박스를 활용한 **멀티탭 정리법**

1. 신발 박스의 옆면 가운데를 세로로 자른다.

2. 신발 박스의 뒷면을 가로로 길게 자른다.

3. 옆면의 자른 부분에는 멀티탭의 전선을 빼주고 뒷면에는 멀티탭에 꽂은 전선들을
   빼준다.

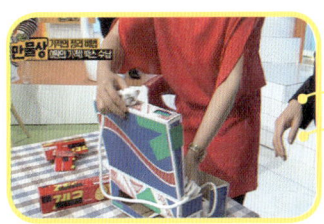 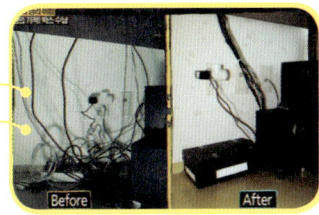

 ## 박스 수납칸 만들기

1. 박스의 날개 부분과 뚜껑을 잘라낸다.

2. 잘라낸 면을 박스 높이보다 1cm 낮게 자른다.

3. 홈을 파서 교차로 연결시켜 칸막이를 만든다.

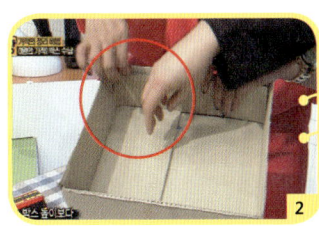 

우유팩을 활용한 길이 조절이 가능한 수납함

1. 같은 크기의 우유팩 두 개를 준비해서 윗면과 옆면을 자른다.

> **Point** 우유팩 외에 네모난 요구르트병이나 손잡이가 달린 플라스틱 우유통을 이용해서 만들 수
> 있다.

2. 잘라낸 우유팩 두 개를 겹친다.

3. 겹치는 부분을 투명 테이프나 클립으로 고정하면 된다.

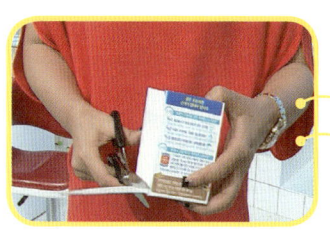 

수납함을 만들기 전에
우유 냄새가 나지 않게
식초로 씻은 다음에 햇
볕에 말리세요.

 ## 신발 박스를 활용한 신발 수납함

1. 신발 박스의 옆면을 넓게 자른다.

2. 박스에 신발을 넣은 다음 신발장 안에 쌓아 놓는다. 박스의 넓은 구멍을 통해 어떤
신발을 수납했는지 쉽게 확인할 수 있다.

 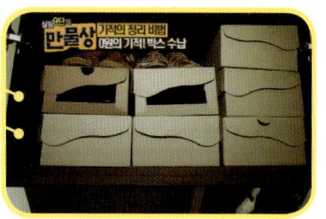

재활용품을 활용한 **주방 수납**

주스병, 우유병, 페트병, 식빵 클립, 빨대 등 주변에서 쉽게 구할 수 있고 버리기 쉬운 재료를 십분 재활용해 주방 수납을 해결하는 깨알 같은 아이디어를 소개한다.

플라스틱 주스병을 활용한 **소스 정리함**

1. 주스병의 윗부분을 자른다.
2. 자른 주스병에 펀치로 구멍을 뚫고 큐방(흡착고무)을 끼운다.
3. 냉장고 문에 붙이고 배달음식에 딸려오는 각종 소스를 넣어 보관한다.

 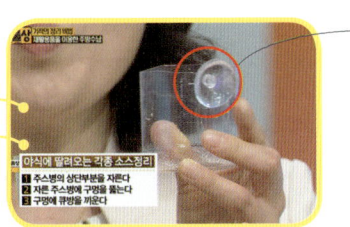

→ 큐방

우유병을 활용한 수납함

1. 플라스틱 우유병(1000ml 우유병을 사용하는 것이 좋다)의 윗부분을 잘라낸 다음 옆면을 U자 모양으로 자른다.

2. 페트병에 요거트나 조미료를 차례로 넣으면 된다.

냉장고 넓게 쓰는
요거트 수납함

페트병을 활용한 컵 수납함

주방 수납공간을 넓게 사용할 수 있겠어요.

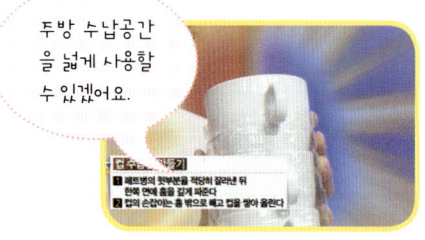

1. 페트병의 윗부분을 적당히 잘라낸 다음 한쪽 면에 홈을 깊게 판다.

2. 컵의 손잡이를 홈 밖으로 빼고 컵을 쌓아 올린다.

우유병을 활용한 냉동실 수납함

1. 사각 우유병의 입구 부분과 손잡이 부분을 자른다. 사각 우유병 안에 깨나 콩 등의 식재료를 담은 비닐봉지를 차곡차곡 수납한다.

2. 자른 사각 우유병 윗부분에 적당한 길이로 자른 생수병을 넣으면 또 다른 물건을 수납할 수 있다.

사각 요구르트병을 활용한 **주방용품 수납함**

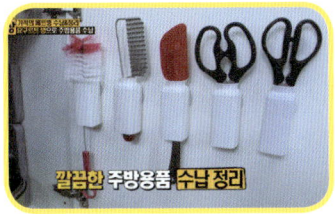

1. 사각 요구르트병의 아랫부분을 자른다.

Point 병 위아래를 다 자르면 크기가 큰 주방용품도 수납할 수 있다.

2. 가운데 부분을 뚫어 큐방을 끼운다.

3. 싱크대 안쪽에 붙여 주방가위 등 주방용품을 수납한다.

 ## 졸대를 활용해 **식품봉지 정리하기**

졸대를 이용해 파일에 끼우듯이 식품 봉지를 접어 끼우면 깔끔하게 밀봉할 수 있다.

냉동실이 깔끔하게 덩리되겠어요.

 ## 식빵 클립을 활용한 **네임태그**

1. 큐방의 구멍 사이에 식빵 클립을 끼운다.

2. 식빵 클립에 내용물과 유통기간 등을 써서 내용물이 보이지 않는 불투명한 음식통에 붙인다.

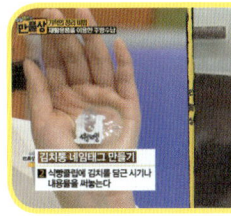

탈부착이 가능하니까 설거지할 때 떼어 놨다가 다시 붙이면 되겠네요.

빨대를 활용한 **젓가락 정리법**

손님용 젓가락을 이렇게 보관하면 좋겠어요.

1. 빨대를 3~4cm 정도로 자른다.

2. 짝을 맞춘 젓가락 끝에 자른 빨대를 끼운다.

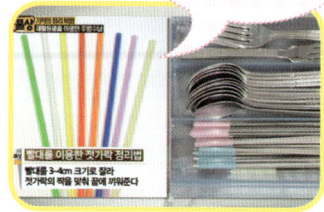

그 밖에 재활용품 활용 아이디어

사각 요구르트병을 활용해 화장대 수납함 만들기
플라스틱 사각 요구르트병의 윗부분과 아랫부분을 잘라낸 다음 적당히 자른 페트병에 사각 요구르트병 4개를 넣어주면 완성. 브러시나 화장용 소도구 등을 수납할 수 있다.

손잡이 달린 우유병을 활용해 신발 수납하기
플라스틱 사각 우유병의 입구 부분과 손잡이 부분을 자른 다음 우유병 안에 신발 한 짝을 넣고 그 위에 나머지 한 짝을 올려 둔다.

페트병을 활용해 다양한 수납함 만들기
• 적당히 자른 페트병을 거꾸로 붙여 치약꽂이로 활용한다.
• 생수병 주둥이는 파스타 2인분 계량용으로, 1000㎖ 우유병 주둥이는 파스타 3인분 계량용으로 활용할 수 있다.
• 페트병의 밑바닥을 자른 다음 먼지떨이를 끼워 페트병 입구로 먼지떨이 손잡이가 나오도록 한다. 덮개를 씌우면 먼지떨이에 먼지가 끼지 않아 좋다.

주방용품 재활용 비법

 구멍 난 **고무장갑의 무한 변신**

- 고무장갑의 손가락 부분을 잘라 탄산음료 뚜껑에 덮어 탄산이 새지 않도록 막는다.
- 고무장갑의 손가락 부분을 잘라 옷걸이의 양쪽 끝에 끼워 옷이 흘러내리지 않도록 한다.

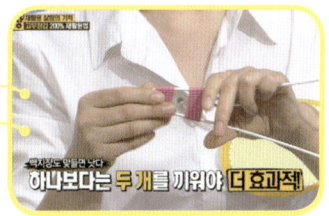

- 설거지할 때 흘러내리는 머리를 묶는다.
- 먹다 남은 과자 봉지를 묶는다.

🖐 알루미늄 포일 재활용

- 한 번 쓴 알루미늄 포일을 깨끗이 씻은 다음 뭉쳐서 우엉껍질이나 감자껍질을 벗길 때 사용하며 껍질만 얇게 벗길 수 있다.
- 알루미늄 포일의 반짝이는 면을 스탠드 안쪽에 붙이면 빛의 밝기가 밝아진다.

🖐 위생장갑 재활용

- 위생장갑의 손가락 부분에 채썬 파, 다진 마늘 등 양념이나 채소를 1인분씩 넣어 보관한다.
- 여행갈 때 손가락 부분에 가족들 칫솔을 하나씩 넣어 보관할 수 있다. 치약도 함께 끼워 보관한다.

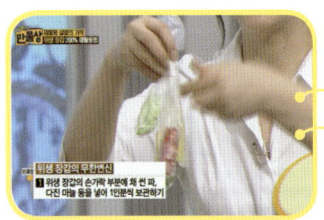

🪶 감자칼 재활용

감자칼로 안 쓰는 비누를 깎아서 망에 넣어 방향제로 이용할 수 있다. 바짝 마른 비누보다 촉촉한 비누가 좋다.

🪶 빈 병과 김발로 만든 디퓨저(방향제)

1. 빈 병에 사용하지 않은 향수를 붓는다.
2. 소독용 에탄올을 적당량 붓는다. 연한 향을 만들려면 향수와 에탄올을 3:7 비율로, 진한 향을 만들려면 5:5 비율로 한다.
3. 병의 입구를 랩이나 종이로 씌워 봉하고 끈으로 묶는다.
4. 가위로 김발의 막대기 끝을 뾰족하게 잘라 병에 꽂는다.

헌 스타킹의 재탄생

밴드 스타킹을 활용한 대나무 **돗자리 보관법**

1. 돗자리를 알코올로 닦아 건조한다.

2. 곰팡이 방지를 위해 돗자리 위에 신문지를 올려 놓는다. 이때 돗자리의 양쪽 끝에 돗자리보다 5cm 정도 넓게 신문지를 놓는다.

3. 돗자리를 말아 준다. 이때 첫 부분을 세게 말아 준다.

4. 돗자리 양쪽 끝의 튀어나온 신문지는 안으로 말아 넣고 밴드스타킹에 돗자리를 넣은 다음 끝부분을 묶는다.

    Point 팬티스타킹의 엉덩이 부분을 자르고 사용해도 된다.

스타킹으로 부츠 정리하기

1. 신발 앞부분에 신문지를 넣는다.

2. 부츠가 구부러지기 않게 신문지를 말아서 발목에 넣는다.

   Point 오래 신어 발목 부분에 힘이 없는 경우 발목이 접히는 부분에 신문지를 구겨 넣는다.

3 팬티스타킹에 부츠를 한쪽씩 넣는다.

4. 남는 스타킹으로 양쪽을 묶으면 부츠가 벌어지거나 쓰러지지 않는다. 묶고 남은
   부분을 잘라서 재사용하거나 부츠 안에 넣는다.

깨알같은 스타킹 재활용법

- 털이 잘 빠지는 캐시미어 스웨터를 잘 말아 스타킹 안에 넣어 보관하면 다른 옷에 털이 묻지 않아서 좋다.
- 구김이 적은 면 티셔츠를 바지 안에 넣고 같이 말아 스타킹 안에 넣어 보관한다. 여행 짐을 쌀 때 유용하다.
- 막대기에 스타킹을 씌워 옷장이나 침대 아래쪽에 넣으면 먼지가 달라붙어 나온다.
- 철사에 스타킹을 씌워 세면대 배수구를 휘저으면 머리카락이 빠져 나온다. 힘 없는 철사를 꽈배기처럼 꼬면 철사에 힘이 들어간다. 철사 끝을 투명테이프로 감아 주면 철사가 스타킹을 뚫고 나오지 않는다.

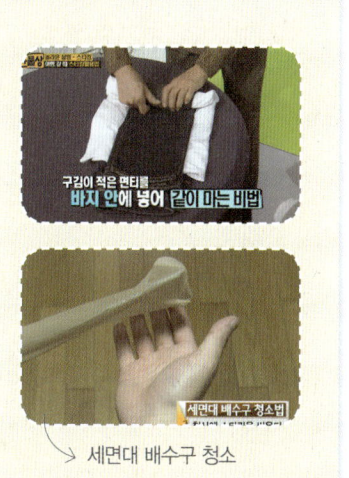

세면대 배수구 청소

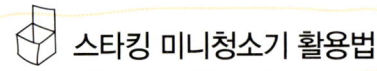 **스타킹 미니청소기 활용법**

1. 청소기의 캡을 분리하고 사진처럼 캡 대신 올이 나간 판타롱 스타킹을 씌운다.

2. 또 다른 스타킹 발가락 부분을 흡입구 안으로 넣는다.

3. 스타킹 종아리 부분으로 청소기 흡입구를 감싼 다음 사용한다.

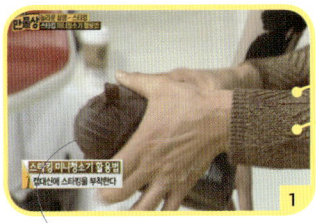

미세먼지는 여기서 걸러준다.

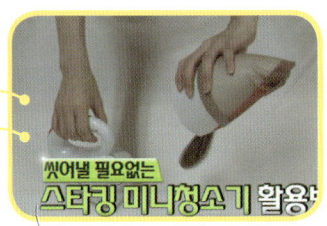

빨아들인 먼지가
스타킹 안에 모인다.

세탁소 옷걸이의 무한 변신

세탁소 옷걸이로 **바지 걸기**

옷걸이 양쪽을 펜치로 누르면서 위로 구부리면
뿔처럼 튀어나오는데 그 부분에 허리띠 고리를
걸면 된다.

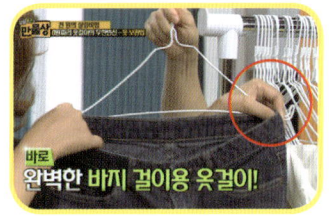

세탁소 옷걸이로 **옷 걸기**

1. 옷걸이 양끝을 어깨너비에 맞춰 구부리기만 하면 어깨 부분이 튀어나오지 않게 티
   셔츠나 블라우스를 보관할 수 있다.
2. 구부린 옷걸이의 양끝을 안쪽으로 더 깊이 구부린 다음 바깥쪽으로 펼쳐서 벌리면
   아동복을 걸 수 있는 옷걸이가 된다.

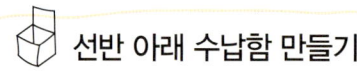 선반 아래 수납함 만들기

1. 큰 상자 속에 우유팩을 잘라 넣어 수납함을 만든다.
2. 세탁소 옷걸이를 펜치를 이용해 적당한 길이로 잘라 ㄷ자형과 ㄹ자형 철사를 만든다.
3. 선반 아래에 수납함을 대고 ㄷ자형 옷걸이로 고정한다. 단, 상자가 힘이 약해서 무거운 물건은 수납할 수 없다.
4. 일회용 커피믹스가 들어 있는 박스는 ㄹ자형 옷걸이로 선반에 고정할 수 있다.

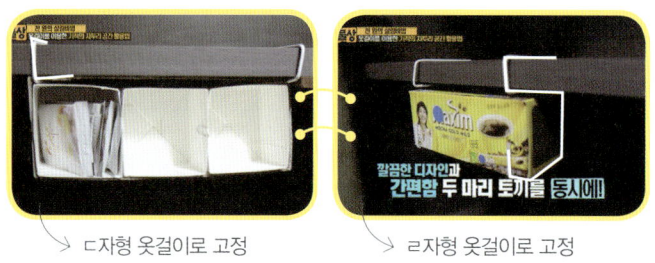

ㄷ자형 옷걸이로 고정 ㄹ자형 옷걸이로 고정

위생백&위생장갑 거치대 만들기

1. 옷걸이를 위생백 상자 크기에 맞춰 각을 잡아 구부린다.
2. 고리 부분을 잘라낸 옷걸이를 위생장갑 상자 크기에 맞게 각을 잡아 구부린다.
3. 위생장갑 거치대 끝부분을 구부려서 고리를 만들어 완성된 위생백 거치대에 걸어 준다.

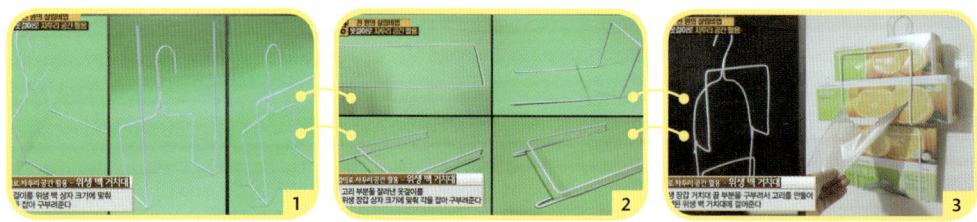

옷걸이를 이용한 자투리 공간 수납함 만들기

1. 큰 우유팩의 입구 부분을 잘라낸다.

2. 똑같이 자른 우유팩 두 개를 붙인다. 우유팩에 자투리 포장지를 붙여서 장식해도 좋다.

3. 옷걸이의 어깨 부분을 잘라내서 폭이 좁게 누른다.

4. 벽에 걸기 위한 고리 부분을 남기고 양쪽으로 쫙 펼친다.

5. 용도에 맞는 너비로 구부린 다음 양쪽 철사 끝을 안쪽으로 구부려 걸이 부분을 만든다. **2**에서 만든 우유팩 수납함에 철사를 걸어 수납함으로 사용한다.

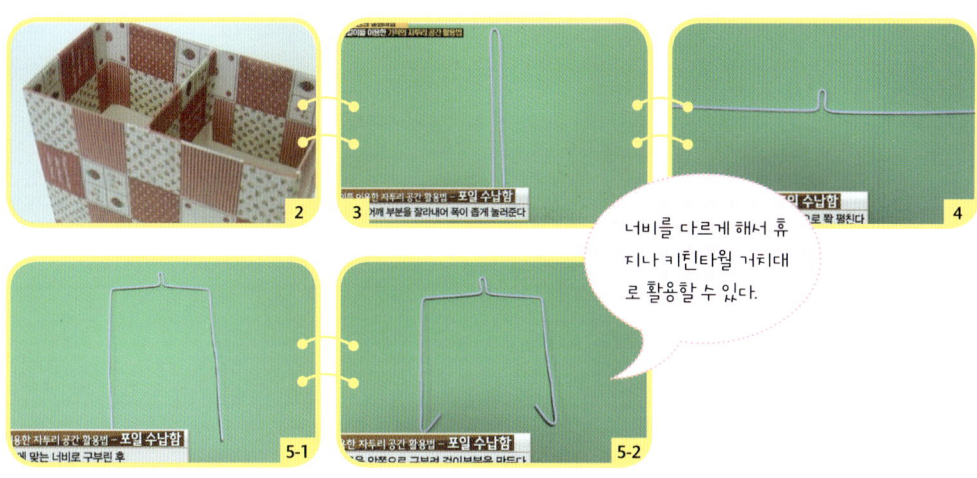

너비를 다르게 해서 휴지나 키친타월 거치대로 활용할 수 있다.

내 손으로 만드는 천연 가습기

솔방울 가습기 만들기

1. 깨끗이 씻은 솔방울을 끓는 물에 넣고 팔팔 끓인다.

2. 불을 끄고 한 시간 정도 지나면 솔방울이 물을 흡수하면서 오그라든다.

3. 오그라든 솔방울을 넓적한 그릇에 담아 집 안 구석구석에 놓는다.

4. 솔 향기가 빠질 때 즈음 아로마오일을 넣어도 좋다.

부직포 가습기 만들기

1. 부직포와 그릇을 준비한다. 그릇보다 부직포를 한 뼘 정도 길게 자른다.

2. 자른 부직포를 한쪽 방향으로 접는다.

3. 부직포를 물에 한 번 적신 다음 빈 그릇에 넣고 따뜻한 물을 붓는다.

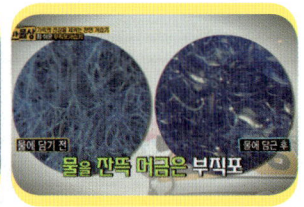

달걀껍데기 가습기 만들기

1. 달걀 위쪽을 살살 깬 다음 안을 비운 다음 달걀 안을 물로 깨끗이 씻는다.

2. 달걀 안에 물을 부어 반 정도 채운다.

3. 달걀판에 달걀을 여러 개 올려놓는다.

휴지 가습기 만들기

1. 넓은 그릇에 젓가락을 서로 띄어서 걸쳐 놓는다.

2. 키친타월이나 휴지 한 장을 젓가락에 걸어 놓는다.

3. 그릇에 따뜻한 물을 키친타월의 끝부분이 닿을 정도로 붓는다. 밑의 물이 위로 올라와 가습 효과가 있다.

수경 식물 가습기 만들기

1. 빈 병에 수경 식물을 꽂아 주기만 하면 완성.

약이 되는 건강 요리!

기름때 쏘옥~

탈취, 소독의 끝판왕

보약 같은 효소

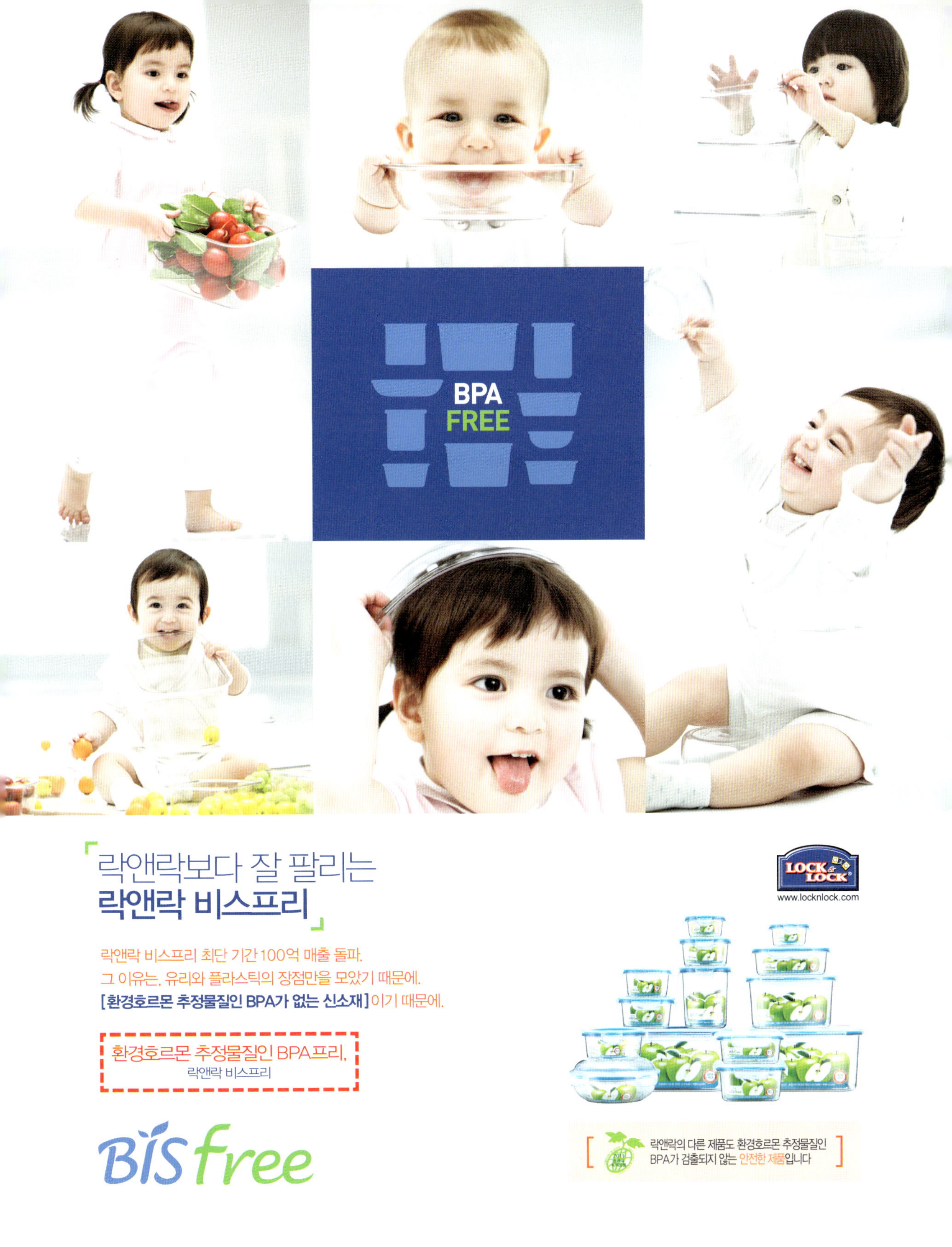

BPA
FREE

락앤락보다 잘 팔리는
락앤락 비스프리

락앤락 비스프리 최단 기간 100억 매출 돌파.
그 이유는, 유리와 플라스틱의 장점만을 모았기 때문에.
[환경호르몬 추정물질인 BPA가 없는 신소재]이기 때문에.

환경호르몬 추정물질인 BPA프리,
락앤락 비스프리

www.locknlock.com

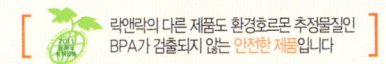
락앤락의 다른 제품도 환경호르몬 추정물질인
BPA가 검출되지 않는 안전한 제품입니다

볶음, 부침, 튀김
이제 건강하게 요리하세요!

필수지방산인 오메가3와 오메가6
지방산의 균형을 고려하여 만든

건강을
생각한 **요리유**